建筑构造与建筑设计基础研究

滕 凌 著

吉林科学技术出版社

图书在版编目（CIP）数据

建筑构造与建筑设计基础研究 / 滕凌著 . -- 长春 ：
吉林科学技术出版社，2022.8
ISBN 978-7-5578-9393-4

Ⅰ．①建… Ⅱ．①滕… Ⅲ．①建筑构造－研究②建筑
设计－研究 Ⅳ．① TU2

中国版本图书馆 CIP 数据核字（2022）第 113528 号

建筑构造与建筑设计基础研究

主　　编　　滕　凌
出 版 人　　宛　霞
责任编辑　　金方建
封面设计　　树人教育
制　　版　　树人教育
幅面尺寸　　185mm×260mm
开　　本　　16
字　　数　　240 千字
印　　张　　11
印　　数　　1－1500 册
版　　次　　2022年8月第1版
印　　次　　2022年8月第1次印刷

出　　版　　吉林科学技术出版社
发　　行　　吉林科学技术出版社
地　　址　　长春市南关区福祉大路5788号出版大厦A座
邮　　编　　130118
发行部电话/传真　　0431-81629529　81629530　81629531
　　　　　　　　　　81629532　81629533　81629534
储运部电话　　0431-86059116
编辑部电话　　0431-81629510
印　　刷　　廊坊市印艺阁数字科技有限公司

书　　号　　ISBN　978-7-5578-9393-4
定　　价　　45.00 元

前 言

随着高新科技的迅猛发展以及经济全球化的普及，人们的物质生活日益充裕，进而更加追求精神上的满足，对居住环境也有了越来越高的要求，从而对相关建筑结构设计人员提出了严峻的考验。在对建筑进行构造设计的过程中，需要考虑多方面的因素和问题，需要设计者不断探索和研究，为设计出更加舒适、合理的建筑奠定基础。

自改革开放以来，我国市场经济不断增强，人们的生活水平不断提高，各行各业发生了翻天覆地的变化。其中，建筑行业的发展颇为迅速。由于与人们的生产生活息息相关，所以建筑构造设计水平是人们关注的重点。建筑构造设计主要是指对构成建筑空间的实体进行设计，其设计过程会涉及方方面面，设计者要遵循理论联系实际原则，根据建筑实体的实际情况不断对设计方案进行改进，以满足人们日益提高的居住要求。建筑物实体主要由支撑系统与围护分隔系统组成，且这两大系统本身又包含很多组成系统，使得建筑构造复杂烦琐，进而在极大程度上给建筑构造设计工作带来困难和挑战。

社会和经济快速发展与城市建设密不可分，社会化进程的不断加快，也从侧面促进了我国建筑工程领域向着更广阔的空间发展。随着城市建筑规模的不断增加，设计理念的更新，城市建筑变得更加丰富多彩。建筑设计者要熟练掌握构造设计的途径和方法，根据建筑实体的具体情境采取不同的对策，使设计成果既满足人们日益提高的环保意识的要求，又要遵循相关建筑标准，保障设计的最终成果具有可持续性和规范性，从而推进建筑行业的进一步发展。

目　录

第一章　建筑构造概述

第一节　建筑构造发展

一、建筑构造的诞生

（一）建筑的起源

最早的建筑原型起源于新古典主义的 Laugier 构想，所谓的"原始茅屋"。受限于建筑材料，该房屋主体由树枝组成，粗壮的树干形成立起的柱子，细枝构成三角形屋架，保持稳定的框架结构，树叶作为瓦片，提供一定的挡雨效果。后来的建筑都基于这个原始模型，人们认为这样的建筑结构比较真实。房屋作为主要建筑之一，被认为只是用来满足人的基本需求，而不需要虚伪的装饰，在这样的思潮影响下，建筑只能拥有单层结构，一切构件和关系都变得非常简单。

（二）建筑形式的复杂化

最初，新古典主义建筑师认为在独立的柱上安置横梁，能够清晰地表达建筑结构关系和力学原理，这也成为许多建筑的真实写照，建筑材料单一、结构简单，缺乏应有的建筑功能。

随着社会生产力和科技技术的飞速发展，建筑方式和建筑规模不断扩大，时代价值观更加多元化，形成了各种风格的建筑。原有的结构体系已经不足以支撑一座建筑，因此衍生出多种建筑方式。例如巴黎的 Ste-Genevieve 教堂，在新古典主义的教堂中加入哥特式的光影效果，同时又不会影响教堂宏大的规模，金属连接件被巧妙地隐藏于教堂的结构之中。

随着建筑的复杂化，双层、多层表皮建筑渐渐走进人们的视野。典型的双层结构通常指内部以木框架为构造主体，外部由外层砖构成装饰，各式保温防水材料被填充在木框架中，水可以从两层结构中间的空隙中流出。渐渐地，关于"构建的暴露与隐藏""建筑是否需要结构的真实性"成为建筑师之间饱受争议的话题。这种争论最早可以追溯到现代主义出现之前,早期现代主义运动的逐渐兴起,经过密斯凡德罗和柯布西耶的发展,直到现在仍然没有停止。当建筑师意识到,自己处在一个越来越难保证结构纯粹直观的世界中,单层构件系统也就逐渐退出历史的舞台。

二、中国传统建筑构造的发展

中国建筑历史源远流长、成就显著,艺术风格独树一帜,在世界建筑史上熠熠生辉,在我国古代文化中占据着重要部分。

(一)传统建筑特色

一是传统建筑的整体平面布局具有一种明晰的规律。如房屋住宅、府衙宫廷、宗祠寺庙等,大多采用一种在最外围设置围墙的建筑风格,通过围栏的设置,将一个个单列建筑进行闭合,组成若干个具有独立空间的庭院。这种庭院建筑一般都会确定一个中心建筑,在表现形式上,往往采用中心对称或者两边对称的方法,贯穿东西和南北进行规划设计(沿横轴线或竖轴线)。其中较为重要的建筑就放置在其朝向的轴线上,位置略低的建筑就放置在其两侧。时至今日,我国北方的建筑有很多还是采用庭院式的布局进行的。在四周闭合这样一个独立的空间里,四面有院墙或者全部是单列建筑,中间自然形成了一个天井,用来收集雨水。

二是框架式结构的设计。这种设计将科学的建筑构造带入中国传统的建造艺术中,成为中国特有的建筑风格。中国古建筑多采用木质结构,木质材料在巧妙的构造设计下变得结实耐用。房屋的框架由木柱、木梁构成,屋顶通过梁架的形式在立柱上固定下来。墙壁往往不是起到支撑作用,而是隔断处理,不作为重量的支撑,这与西方建筑有本质区别。这类框架结构在建造中往往需要一些较为独特并且复杂精巧的构建,常应用在宫廷庙宇的建造当中。例如斗拱的设计,斗形的木块和弓形的横木是它的基本结构,它们层层交错,逐层向外挑出,和谐且富有美感。在明清时期,追求结构的简化,梁被直接放置在柱上,斗拱结构几乎丧失其原本作用,成为装饰品。

三是变幻莫测的艺术表现形式。中国建筑在长期的发展过程中,不断融合、吸收、转化其他艺术的风格与特点,诞生了许多个性独特的艺术形象,在这方面形成了独特的美学。

(二)传统木结构建筑

古时建筑主要以木质材料为主,但因地域结构的形式存在不同,南北差异较为明显。南方建筑的主要构型为穿斗式,穿斗式的特点是通过柱、穿枋、斗枋以及檩条等进行组合，随后将其结构支撑起来。整个木排架都是利用穿枋进行连接的，斗枋在纵向上穿过柱，起到固定及牢固的作用。穿斗式均从下向上伸展，柱排布紧密，但是空间利用率较低，适用于对室内空间需求较小的时候。而北方地区则是抬梁式结构，在柱子上放置的横梁能够以更大的接触面积放置更多的横梁，一层一层积累，横梁之间反复叠加，形成一个整体结构。抬梁式的空间利用率相对较高，柱量相对较少，稳定性高，但是由于承受力较大，材料消耗也相应增加。

古代木建筑构造主要由基础、墙体、屋顶和连接方式组成。木建筑的基础较为简单，通过天然石、黏土以及桩基础来构成整体造型，古代木建筑墙体是由梁柱结构形成的非承重墙，传统建筑的屋顶是整体外观方面最具特色的一部分，造型独特，主要有悬山、硬山、庑殿、歇山等。屋顶的飞檐微微翘起，不仅起到了排水的作用，还扩大了采光效果。木结构的连接方式多样，榫卯是我国独有的一种木结构连接方式，结构的连接无需使用硬质固定器件，榫头和卯眼的相互钳制就能让整体的结构足够稳定，并且有较强的连接性。同样具有中国特色的还有斗拱连接方式，在寺庙、宫殿上运用较多，外伸的弓形结构为拱，拱和拱间的方块木垫为斗，故称斗拱。两者皆承载横梁，同时木材本身有较好的坚韧性，可以抗风、抗震。

（三）传统建筑空间和布局

传统建筑在布局上是平铺开来的，尽管最初中国建筑也往高处延伸过，但木质材料极易引发火灾，发现这一问题后，木建筑就向平面伸展的方向发展了，随之诞生了分隔、室内外设计的观念。人们生活起居的空间不仅需要建筑物的庇护，也需要考虑光热等环境因素，因此产生了院落和围合的建筑形式。

围合的形式多种多样，主要呈带状沿街道或河域分布，也有独立向中心的分布。在中国古代，出现了一种木结构的高级形式——四合院。四合院的形成与中华民族强烈的等级观念息息相关，也是生活环境长期影响的结果。纵览古今，木质材料建筑一直按其道路不断发展。

三、现代木构建筑

现代木构建筑主要由集成板、木质板、方板等组成，与传统木构建筑有较大的差异，标准化生产的木材料产品渐渐成为建造工艺的主要构成，金属连接件则被广泛地运用于连接节点。与单一的传统建筑不同，现代建筑设计功能较为多元并且现代化元素较多，随着新兴技术的逐渐成熟，建筑形式在整体质量和数量方面，短时间内有了较大的提升。建筑技艺从以数量为主，到渐渐重视质量，并逐渐以数量与质量并列为构造目标，时至今日，以人为本、质量为先的建造理念渐渐为人们所认同，"保持共性，追求个性"，人本、多样化、生态化，成为设计师的共同目标。

（一）现代木构建筑的特点

现代木构建筑有轻型木、梁柱和木结构组合等多种体系。梁柱结构是由传统建筑形式发展起来的，由梁和柱组成。轻型木结构是木基板材和规格材料组合的一种结构，该结构为最耐用的结构之一，其特点便是建造的成本较低，可以延长建筑物寿命，并且建筑的适用性非常广泛。木结构组合是将多种结构（梁柱、轻型木、钢筋混凝土等）组合在一起，形成分层结构，木材是上层建筑空间的主要搭建基础，在建筑下层或其他构造处，通常利用更加坚固的原料来保证整体建筑的稳定性以及安全性。

现代木建筑构造与传统木建筑构造相同，只是随着现代化生产，出现了条形基础、独立基础和地下室基础等多种多样的形式，可以保证有较好的防水、防潮效果。石、砖、木土等基础材料为传统墙体材料，而现代构造工艺则多了一种复合墙体，有着较好的防潮和通气性能，同时也为管线安装提供了有用的空间。就屋顶而言，屋顶的形式变得更为简洁、单一，以功能性为主，大多是平屋顶或坡屋顶形式。连接件均使用金属连接件，与传统连接件相比工艺简单且不容易开裂，常见的有销、键和胶连接。

（二）现代木建筑的优势

现代木构建筑不再只是简单使用原木，而是生产了更高强度的人造板材，通过工业化生产，制成建筑所需的梁和柱。为了改善传统的榫卯连接强度，增加了多种多样的连接方式，金属部件等连接既缩短了建造时间，也提高了连接强度。现代木材往往是可回收的，在保护环境的同时也大大降低了建造成本，保护了更多原木，同时符合现代绿色环保的理念。现代木材的功能性更加强大，新型木材有效地解决了存在的隐患，如火灾、腐烂、虫灾以及噪声等。现代木建筑结构部件全部进行工业化生产，提升了产量，降低了成本，有效缩减了建造时间。

建筑技艺和文化的发展密不可分，中华文化博大精深，建筑技艺以及工艺手法也较为全面。从古代建筑中，可以清晰地反映出传统文化的思想脉络，如今经济全球化使得我国建筑深受西方建筑的影响，但是独特的文化内涵以及建造风格仍然使得我国建筑技艺在世界上保持着独有的魅力。建筑构造反映着民族性格，但服务于人的需求是构造设计存在的根本，构造设计是人、建筑、环境三者之间的关系纽带，它将结合生态、气候、地理条件等物质"硬"环境，融合精神、文化、风俗等。

第二节　建筑构造的因素

一、影响建筑构造的几个因素

（一）自然气候条件因素

如果对自然气候因素估计不足、设计不当，就会出现诸如建筑物的构、配件由于材料热胀冷缩而开裂、渗漏，或由于室内温度不宜而影响正常工作、生活等问题。因此，在建筑构造设计时，必须掌握建筑物所在地区的自然气候条件及其对建筑物的影响性质和程度，对建筑物相应的构件采取必要的防范措施，如防水、防潮、隔热、保温、加设变形缝等。同时，还应充分利用自然环境的有利因素，如利用风压通风降温，利用太阳辐射改善室内热环境。

（二）结构上的作用因素

能使结构产生效应（如内力、应力、应变、位移等）的各种因素，称为结构上的作用。它可分为直接作用和间接作用。直接作用是指直接作用到结构上的力，也称荷载。荷载又分为永久荷载（如结构自重）、可变荷载（如人、家具、设备、雪、风的重量）和偶然荷载（如爆炸力、撞击力等）。间接作用是指使结构产生效应但不直接以力的形式作用在结构上的各种因素，如温度变化、材料收缩、地基沉降、地壳运动（地震作用）等。结构上作用的大小是结构设计的主要依据，决定着建筑物组成构件的选材、形状和尺度，与建筑构造设计密切相关。因此，在构造设计时，必须考虑结构上的作用这一影响因素，在结构的作用中，风力的影响不可忽视。我国各地区的设计规范中都有关于风荷载的明确规定，在设计时应严格遵照执行。此外，地震对建筑物的破坏作用不可忽视。在构造设计中必须高度重视地震作用的影响，根据概念设计的原则，对建筑物进行抗地震设计，采取合理的抗地震设计以增强建筑物的抗地震能力。

（三）各种人为因素

人类在从事生产和生活的过程中产生的机械振动、化学腐蚀、爆炸、火灾、噪声等，往往也会对建筑物造成影响。因此，在建筑构造设计时，必须有针对性地对建筑物采取如隔振、防火等相应的防护措施，以消除或减轻不利的人为因素对建筑物造成的损害。

（四）物质技术条件

建筑材料、建筑结构、建筑设备及施工技术是建筑的物质技术条件，它们把建筑设计变成了建筑物。在建筑发展过程中，新材料、新结构、新设备及新的施工技术迅猛发展、不断更新，促使建筑构造更加丰富多彩，建筑构造要解决的问题也越来越多样化、复杂化。因此，在建筑构造设计中，要以构造原理为理论依据，充分考虑物质技术条件的影响，在原有的、经典的构造方法的基础上，不断研究、不断创新，设计出更先进、更合理的构造方案。

二、建筑构造设计的原则

（一）满足建筑的功能要求

满足建筑的功能要求是建筑构造设计的主要依据。我国各地的自然条件、生活习惯等都不尽相同，因此不同地域、不同类型的建筑物，往往会存在不同的功能要求。北方地区要求建筑物在冬季能保温，有震动的建筑要隔震，有水侵蚀的构件要防水。在建筑构造设计中，必须不断研究科技、经济和社会发展所带来的新问题，及时掌握和运用现代科技新成果，最大限度地满足人们越来越多、越来越高的物质功能和精神功能的需求。

（二）确保结构的坚固和安全

在进行建筑构造设计时，除根据荷载的大小、结构的要求确定构件的必须尺度外，在构造上还必须采取一定的措施，来保证构件的整体性和构件之间连接的可靠性。对一些配件的设计，也必须在构造上采取必要的措施，确保建筑物在使用时的安全。

（三）采用先进技术适应建筑发展的需要

建筑工业化把建筑业落后的、分散的手工业生产方式改变为集中的、先进的现代化工业生产方式，从而加快了建设速度，降低了劳动强度，提高了生产效率和施工质量。尽快实现建筑工业化，是摆在建筑工作者面前的迫切任务。因此，在进行建筑构造设计时，必须大力推广高新技术，选用节能减排的建筑材料、定型构件。

（四）考虑建筑的综合效益

采用节能建筑构造方案时，虽然一次性投资增加了，但节省了日后的采暖费用，整体费用降下来了。又如，在提倡节约、降低造价的同时，还必须保证工程质量，绝不能以偷工减料、粗制滥造作为追求经济效益的代价。在建筑构造设计时既要考虑经济效益又要考虑社会效益、生态效益。

三、建筑结构的基础设计程序

建筑结构基础设计（JCCAD）程序包括独立基础和条形基础设计、弹性地基梁和筏板基础设计、桩基和桩筏设计等部分。建筑结构基础承担上部建筑物上的荷载及地震作用，将其传至地基。基础设计分为基础结构设计、地基设计及基础沉降。对于柱下独立基础、墙（砌体）下条形基础按刚性基础进行地基设计，并进行基础沉降计算。对墙（混凝土）、柱下条形基础接连续梁或弹性地基梁计算。高层建筑的筏形基础，采用有限元进行基础设计和沉降计算。对深基础按承台桩、非承台桩、摩擦型桩、端承型桩设计和沉降计算。对于基础的设计计算，由于地基土质情况的复杂性和基础模型假定的多种性，引起了结果的不确定性。由于程序计算是在很多假设和简化的条件下进行的，要了解程序的技术条件，得出合理的计算结果。

程序的分析特性。建筑结构基础设计（JCCAD）程序对基础地基设计采用多种计算方法。在各种地基条件和各种上部结构条件下，可选择适合的设计方法。第一，整体基础分析方法。计算假定有弹性地基梁模型、文克尔模型、广义文克尔模型、弹性地基梁有限元法。对筏板沉降计算采用假设附加应力已知方法和刚性底板假定、附加应力为未知的计算方法。第二，基础上部结构的共同作用。在整体基础结构设计中，上部结构刚度对基础有影响。程序采用以下方法考虑上部结构的刚度影响：上部结构刚度与荷载凝聚法、假设上部结构为刚性的倒楼盖法、上部结构等代梁法。

总之，建筑构造设计要满足建筑的功能要求，确保结构的坚固、安全，采用先进的技术以适应建筑现代化的需要，考虑建筑的综合效益，注意造型的美观，还要采用科学的设计程序。

第三节　建筑构造的结构耐久性

纵观当前土木工程的现状，在建筑构造当中涉及的有关结构耐久性的问题仍存在着许多不足，许多地方还需改进。然而，如果只是一味地凭借以往的经验来进行结构的设置，忽略建筑构造的重要性，弱化相关理论数据的影响，仍在原先措施上停滞不前，结构耐久性很难得到提高。结构的耐久性直接影响着建筑的使用情况，有着不可忽视的重要性，而建筑构造作为结构耐久性的决定性因素，值得所有相关人员进行思考探究。

一、建筑构造的相关作用分析

工程在建设的过程中会涉及许许多多的内容，然而，其中最主要的就是建筑构造。建筑构造作为建筑工程当中的重要内容之一，其中涵盖着多种类型的配件以及建筑构件，同时也有各种各样的施工技术和建筑相关材料。在对建筑进行构造的过程中会涉及许多步骤，经过一个复杂漫长的流程。但是这个过程当中最重要的一个任务就是要根据在建筑工程当中可能出现的各种各样的因素进行一个综合的分析。在分析的同时一定要结合相关的专业技术知识、专业技术理论，并且要切实对这个过程当中需要用到的专业材料、装备设置进行最优的选择，做到最合理分配，保证每一个部分的部件都可以在实施的过程中避免意外，发挥出最好的效果。建筑结构的质量由许多因素决定，但是在其中要确保每个步骤的技术都处于领先地位，每一项技术都具有专业性科学性，从而使得在对建筑进行构造的过程当中的每一个步骤都可以顺利进行，最大化地提升建筑工程的质量，最终达到使得建筑的使用时间得以延长，建筑的耐久性得以提高。

如果从建筑结构的作用入手来分析，可以大致分为四部分。第一，建筑构造可以帮助保持一个建筑的整体性。一个完整的建筑结构由多种部件构成，在对建筑工程进行施工的过程当中要时刻注意建筑的相关构造，合理分配每一项工作，高质量地完成建筑结构的分工，从而实现建筑结构的统一性和系统化。第二，建筑构造可以对建筑工程进行维护。在整个建筑工程的实施过程中每一个步骤都十分重要，各个方面都要做到重点关注，尤其是要做好保障每一部分的正常功能的相关工作。然而，为了确保实施过程中各项功能的正常发挥，通常需要一些用来进行维护的构造设施。比如，防止火灾、防止水灾、防止污染等一些建筑相关构造。除此之外，建筑相关的防护栏也可以对建筑工程起到一定的保护作用。第三，建筑构造可以有效地防止建筑发生变形。建筑工程实施的过程中，可能会受到许多因素的影响，一些因素的出现就会对建筑造成不可弥补的损失，其中一个关键的因素就是建筑构造的建造，建筑构造的正确建造可以延长建筑的使用寿命，保证建筑工程的高质量。最后一点，建筑构造可以在一定程度上提高建筑工程的完美性。在建筑构造中，除了大建筑的结构性部分十分重要，还会有许许多多的细节部分，这些细节也是整个建筑中的重要部分，可以从各方面进行优化，使得建筑结构更具有整体性，往往细节的加分会成为一个亮点，同时从一定程度上改善建筑的外观，打造更加美观的建筑构造，也可以在一定程度上不断推进建筑事业的长远发展。

二、建筑构造结构角度对耐久性影响

（一）防水建筑构造对结构耐久性的影响

通常情况下，建筑在施工的过程当中，每一部分都起着关键的作用。其中，有一个很重要的环节就是对水文地质进行的分析，为确保建筑工程的顺利施工，对于水文地质的准确分析是一个必不可少的过程，相关的施工人员需要根据分析结果对建筑构造进行一些必要的保护措施，如防水措施，使得建筑工程可以顺利完成并且也在一定程度上提升了建筑的安全性。在相关防水措施的实施中，也存在着许多需要注意的问题，如防水材料的选择、安装，甚至施工的技术等等，无论哪一个结构出现问题都会对建筑构造的防水性造成很大的影响。建筑构造的防水性不完善就大概率直接导致建筑出现渗漏，建筑结构渗透会影响建筑构造的耐久性和使用性。建筑构造的耐久性的影响主要体现在如果发生渗漏，相关的建筑结构就会和水进行接触，任何事物长时间和水进行接触的建筑就会或多或少地受到有害影响，建筑结构也是如此，随着时间的延长或渗透速度的加快，接触面积将继续增大，受到的影响也会继续加剧。而且渗透物当中不乏一些有害物质，而这些有害物质和相关的建筑构造发生接触之后就会使得有害物质逐渐进入建筑构件的表面上，再随着建筑结构中的混凝土不断变湿，有害物质逐步向构件的内部扩展，时间推移，建筑构造中的钢筋以及混凝土就会受到严重侵蚀，建筑构造的耐久性也会大大降低，严重影响了建筑构造的耐久性。

（二）隔热保温建筑构造对结构耐久性的影响

建筑工程在实施的过程中，为了保证建筑工程的顺利完成，需要注意到各个方面带来的影响，避免任何一个可干扰因素的出现。其中，为了使得建筑工程在实施的过程当中可以有一个适宜的湿度和温度，最大可能地满足建筑工程实施过程中相关工作人员的工作需要，同时也是尽可能地避免夏季室温过高而冬季室温过低的影响，需要在建筑工程的相关建设中增强隔热保温性能的构造。相关隔热保温功能的构造在建筑构造的建设中有着巨大的作用，它的正确运用与否决定着建筑工程是否可以顺利完工。一旦在工程的实施过程中出现安装技术、施工程序或者是选材等方面的问题，就会直接影响到建筑构造的实际性能。在冬季，保温隔热相关构造的两侧就会出现温度差，温差的出现就会导致积水的出现，从而使得相关维护结构旁边出现粉化、脱皮的现象，然而这涉及的不仅仅是外观问题，更重要的是质量问题，结构出现的粉化、脱皮等现象会直接影响建筑相关构造的耐久性。除此之外，由于保温隔热相关构造没有发挥出正确的作用，建筑结构受到较大的温度带来的影响，也会在很大程度上影响建筑构造的耐久性。

（三）防腐蚀建筑构造对结构耐久性的影响

建筑工程在实施的过程中会涉及多方面多种因素的影响。其中，腐蚀性建筑构造对整个建筑工程带来的影响是不可忽视的，在建筑工程的实施过程当中，最忌讳的也就是腐蚀性建筑构件的出现。因此，在对建筑构件进行选择时选择一些防腐蚀性的构件会起到事半功倍的效果。防腐蚀性构件的使用会大大减少构件的错误使用带来的巨大损失，同时也可以在一定程度上提高建筑构造的耐久性以及建筑构造的安全性。然而，所有的事物都具有两面性。防腐蚀性构造也是一样，虽然说防腐蚀性构件在建筑工程当中的正确运用会推动建筑工程项目的顺利实施。可是防腐蚀性构件也会受到各种各样因素的影响。比如，防腐蚀性技术的影响、防腐蚀性工艺的影响、防腐蚀性材料选择的影响等等。然而，其中最重要的就是防腐蚀性材料选择带来的影响。防腐蚀性材料质量的好坏会严重影响建筑构造的耐久性。如果选择的防腐蚀性材料质量不高、强度不达标，就会为建筑工程提供一个破坏建筑构造的机会。如果建筑构造处于一个腐蚀性的环境，建筑构造中的混凝土以及钢筋就会受到严重腐蚀，从而直接影响建筑构造的耐久性。因此，我们常说，相关防腐蚀性建筑构造对保持建筑结构的耐久性有着不可忽视的作用。

（四）装修建筑构造对结构耐久性的影响

反复强调在建筑工程项目的实施过程当中会受到各种各样因素的影响，防水构件的影响、保温隔热构件的影响以及防腐蚀性构件的影响。除了这些因素带来的影响外，装修建筑构造对结构耐久性的影响不容小觑。在实施的过程当中，一旦装修建筑构造在装修质量或者装修技术方面出现问题，出现质量不合格的问题，那么相关的建筑结构部分也会出现诸多问题，如裂缝、起灰、起泡等等。另外建筑工程在实施的过程当中，不可避免会受到外界因素的影响，在使用过程当中进行因素带来的影响就会不断凸显。如一些不可控的灾害，或者是天气情况，相关污染等一些因素的出现就未取得相关建筑结构和外界的一些物质进行接触与碰撞，从而相关装修建筑构造带来的一些问题就会逐步表现出来。其中可能会涉及建筑实施过程当中出现了装修表层断裂的问题，然而装修表层出现断裂会导致部分物质侵蚀构件当中的钢筋混凝土的保护层。一旦出现这种情况，并且没有得到及时的相关技术处理，也没有得到有效的维护就会使得钢筋混凝土发生一种碳化，从而导致建筑构造的耐久性受到破坏，导致耐久性严重降低，从而使得整个建筑工程相关构件的使用期限大大缩短。除此之外，钢筋混凝土发生的碳化现象。也会给人们的相关生活带来一种不确定的安全隐患，在一定程度上严重影响建筑工程的健康长远发展。

三、直接分析建筑构造对结构耐久性的影响

综合上面的分析来看，我们基本可以将影响结构耐久性的因素分为以下几点：第一，要避免水分侵袭产生的排水，做好建筑中的防水、防潮工程，还要做好防结露构造。比如排水的坡度、天沟、排雨水的出口、泛水、屋檐口、防水层和防潮层、勒脚处、隔气层、装修的墙体层、腰线、滴水线、地漏、踢脚、散水、明沟以及室内外高差的台阶等等，都是需要着重去注意的地方。第二，要避免出现有低温和高温的建筑构造，这一方

面主要关于建造保温层、房屋的隔热层、防火的区域以及防火墙等等。第三，要避免混凝土在容易腐蚀的环境下出现被腐蚀的情况，所以在建造的时候要在墙面与地下土壤接触的地面做一个防腐蚀隔离层来防止混凝土被腐蚀。第四，要避免混凝土经常受到磨损，可以在室内外的墙体和楼地面安装构造层、护角、勒脚等来保护混凝土，防止受损。

其中，在建筑构造中对结构耐久性影响最大的就是水分侵袭时的防水和防潮工程的构造措施。因为在使用的过程中，大多数的结构耐久性都跟水有关系，所以，在建筑的过程中，首先要解决的就是关于排水防水的问题，减少水分和构件接触的建筑构造，比如说做好建筑中的排水、防水、防潮和防结露措施，建筑好这些工程在很大程度上解决了关于水中环境出现的主要问题。减少水分与混凝土构件的接触，就是为了减少混凝土的构件中水的渗透率，这也就会增大建筑结构中的结构耐久性，减少混凝土构件受损的概率。在避免低温和高温的建筑构造中，要合理的设置最大限度地去延长保温层隔热层防火的区域等防火墙中构件的老化和破损时间。在建筑时也要避免出现缝隙变形以及如何处理节点构造的情况，从某一方面来看，这也是阻止水和潮气等有害物质进入到房间内的一个通道。而防腐工程就更有效地阻止了各种有害物质对结构产生的伤害，避免混凝土受到磨损，也对结构的耐久性起到了一个保护的作用。有一些建筑构造的功能是非常多的，比如在装修构造的时候，选择的装修材料和质量不仅可以起到一个防水的作用，还可以起到一个保护构件的作用。有些建筑工程不只要在房屋中一个地方出现，比如说防水层不仅要在屋顶上做，还要在其他可能出现排水情况的房间内要做。除此之外，地下室的墙体也要做，这都对结构的耐久性有一定的影响。

总之，建筑工程作为一种系统性极强的工程，其中涵盖了各种各样的建筑构成，然而，这些在整个工程的进行中受到各种因素的影响。简单来说，建筑构造就是从工程最实际的点出发，选择最优的一种措施，保证措施的实施可以实现结构耐久性的最大化。在工程的进行过程中，可变因素很多，建筑构造对结构耐久性有着极大的影响。因此，相关工作人员务必不断努力，提高建筑构造的质量，保证结构的耐久性。

第四节　建筑构造中的结构损伤

完整的建筑构造能够有效地提高建筑物的使用功能，提高建筑物抵御自然侵害的能力，对延长建筑物的使用年限和性能提高都具有十分重要的意义。

一、建筑构造的相关内容概述

建筑构造是否科学对建筑耐久性有着十分重要的影响。防潮工程是建筑结构耐久性的重要影响因素。建筑构造是指在建筑物建设过程中运用多方面的技术和知识，根据外部影响因素和人为影响因素等，对建筑材料、建筑设备和建筑工艺、建筑安装等进行合理的选择和资源配置，达到建筑物经济美观和实用安全的效能。建筑构造不仅能够影响建筑物的耐久性和使用年限，对自然界的侵蚀也能够有效抵御。

二、建筑构造中常见的结构损伤

造成建筑结构损伤的原因有施工混凝土质量、钢筋条件不达标、建筑设计不合理以及施工质量问题，外部环境因素也会对建筑构造结构损伤产生影响，如空气的湿度和温度、环境的酸碱性等特点。通过对大量建筑结构损伤分析可以看出，建筑构造中常见的结构损伤主要有以下几个方面。

（一）防水构造存在问题造成的结构损伤

常见的防水结构损伤主要集中在以下几个方面。首先，在地下建筑部分，由于前期没有对地质条件进行充分的调查，致使水文地质资料不准确，加上使用的防水材料质量达不到相关标准，卷材防水施工技术不规范、铺贴不严密、管道安装不良以及拐弯处缺少加强措施产生不良渗透，导致地下建筑部分防水结构出现损伤。建筑散水没有作坡、沿线的长度方向没有进行分格缝、接缝处的油膏设置达不到相关标准等也会产生雨水积存问题，进而导致地下建筑墙体出现不良渗水，防水结构出现损伤。其次，在建筑屋面防水方面，存在着柔性防水问题和刚性防水两种结构损伤。在柔性防水损伤方面，由于建筑施工过程中选用了质量较差的卷材、卷材施工粘贴不牢、屋面与墙面防水施工存在问题等产生防水层构造出现损伤，出现屋面漏雨。另外，由于外部环境中的异物、湿度、温度等会对墙面、屋面、阳台等产生影响，致使防水结构出现损伤，影响建筑构造。

（二）保温隔热构造问题造成的结构损伤

保温隔热层的设置能够保证室内温度、湿度，为人们的生活提供便利。保温隔热构造问题造成的结构损伤有以下几个方面。

保温隔热出现问题导致的表面凝结问题。此种情况会对建筑外面的钢筋混凝土土柱、垫块等产生不良影响，致使外墙保温围护结构出现问题，影响保温层的使用寿命，表面凝结问题还会导致内部墙体脱皮、粉化、生霉等问题的出现。

保温隔热层的出现还会对构造层和结构层产生直接影响，当外部环境发生变化的时候，构造层和结构层无法有效地承受气候变化产生的影响，如果在高温潮湿天气下，会出现混凝土构件炭化、钢筋锈蚀等构件损伤，对建筑物的耐久性产生影响。

如果保温隔热出现问题，随着外部气候温度的变化，建筑构件会出现热胀冷缩现象，致使建筑构件出现变形，对建筑构件产生不良影响。

（三）防腐构造损伤对建筑构造的影响

建筑构造中常用的水玻璃类、沥青类和树脂类的防腐工程往往会因为建筑防腐层出现裂缝、空鼓等问题产生结构损伤，进而致使建筑防腐材料出现结块过快或过慢问题，防腐材料的强度参数和物理化学参数都下降。当化学侵蚀出现的时候，建筑结构极容易出现损伤，尤其是在酸碱盐腐蚀的情况下，会产生钢筋锈蚀永久性损伤以及混凝土膨胀性腐蚀破坏等问题，对建筑构造产生极为不利的影响，如影响建筑物的耐久性和使用寿命。

（四）建筑装修构造损伤对建筑构造产生的影响

建筑装修构造损伤主要是指建筑内部的装饰层出现脱落、起鼓问题，地面出现裂缝、起灰等问题，这种情况也会对建筑构造的耐久性产生不良影响。当建筑装饰层出现微裂的时候，如果没有进行及时的补救，就会导致裂缝的程度加大，进而出现断裂、剥落的问题，更为严重的会对建筑的维护层、水泥砂浆层、钢筋混凝土层产生影响，造成这些建筑构造出现损伤，影响建筑物寿命。

（五）防火设施结构损伤对建筑构造的影响

建筑构造中的防火设施主要包括防火墙、防火门和防火区等。如果这些防火设施设置不当，当火灾发生的时候，建筑的混凝土构件会在短时间内升温，导致混凝土构件中的砂、钢筋、水泥等物件出现不同程度的膨胀，致使混凝土构件内出现裂缝和破坏。在灭火的过程中，由于急速降温，破坏性更大，致使混凝土裂缝问题更加严重，进而对建筑构造造成极为严重的影响。

分析建筑构造中常见的结构损伤对提高建筑物的使用寿命和建筑耐久性都具有十分重要的意义。通过本节分析，希望能为建筑构造完善结构、提高设计质量、延长建筑物使用寿命提供有力的支持。

第五节　建筑构造与细部的文化表现

从我国建筑史的蓬勃发展中可以体现出丰富的社会文明与沉淀的美学内涵。通过对我国建筑史进行研究，可以发现很多的建筑内部都有非常深厚的历史文化底蕴和丰富的人文内涵。近年来，建筑被认为是我们人类社会文明进化的物质产物，同时其建筑与文化也有着极其密不可分的联系，因此我国近几年的建筑已经被认为是当代优秀文化的载体，其内部与其细部所具有的文化特征，正好是记录这一时期文化发展以及社会文明进步再好不过的语言词汇了。另外，一个完美的建筑可以很大程度上地表现出一个社会乃至是整个国家的社会文化特征，让我们从建筑本身的构建方式，以及运用的建材材料，或者是其上面所具有的图案设计或者是在其润色的过程中所选用的色彩等等多个方面中，都会令我们获取到很多的当代文化信息。在世界文明日新月异发展的今天，各个国家的设计师所精心设计出来的建筑依然可以向世界其他国家传递出其国家内部丰富优秀的文化内涵。因此，建筑构造与其细部文化特征在传递建筑文化信息的时候起着极其重要的作用，同时其也成为一个完美的建筑中不可缺失的重要部分。

一、对建筑构造与其细部文化表现的基本概述

在我国现如今的发展过程中，无论是在其思想上或者是艺术设计建筑艺术上，都已经是一个百花齐放，百家争鸣的时代。社会生产力逐渐进步，人民生活水平逐步提高。奔腾的新思想正在涌动，优秀的文化艺术正在跃进。与此同时，奔涌的思想需要宣扬，优秀的传统文化需要良好的传承。当然这一切的一切，都可以体现在我国现代艺术建筑行业的领域之中，而且从古至今，建筑作品中可以表现出文化的底蕴，作为我国文化表现的载体，而文化内涵就可以通过建筑作品表现出来。因此，建筑作品与文化表现都呈现着一种密不可分的关系。同时关于文化，在历史上有多种解释，通过我们的查询，其语义解释多达 200 余种。并且我国的文化，具有非常强的包容性，其涉及多种人文学科，比如说哲学、伦理学、人类学、心理学以及历史学等诸多与社会发展有很大关联的学科。而且二者之间也有着不可分割的联系，在我国艺术建筑作品的构造过程中，这两者都具有极其重要的意义，同时其也是构建成一个完美的建筑作品中不可或缺的两个因素。

二、现代建筑的构造与细部文化表现

当今世界中的很多文化逐渐呈现出较为相似化的发展趋势，而且已经逐渐地消除了其不同地域之间的差异，各个国家中将精神文明与社会文化之中都呈现出全球化发展的趋势，已经越来越开始摒除时空概念中"地域"上的限制。同时我国很多的建筑设计师在经过多种文化思潮的洗礼之后，已经开始逐渐地意识到建筑文化及其内部中所具有的意义。不仅如此，还将其细部的文化表现在建筑中广为应用。另外，在 20 世纪初期的时候，西方建筑史中出现了一些现代建筑思想的雏形并将其广泛的推广与宣传，自从 20

世纪初期西方国家发展了建筑思想的雏形以后，我国也开始紧跟世界建筑行业发展的浪潮，努力挖掘其内部所具有的文化特征与建筑艺术。现如今，在建筑行业日益蓬勃发展的今天，现代的建筑思想中主要强调的主流思想便是要求建筑随着时代发展而变化，强调要重视建筑物的实用功能。还有就是我国的很多建筑工作者研究出来很多新型建筑材料，因此，我国的很多建筑工程师都主张在建筑的过程中突出使用的建材，以及建筑结构的特殊性质等等。虽然近些年来的一些新型建筑物带给我们一种极其强烈的时代感，同时也让我们从中感受到了其新型建筑物与传统建筑思想，以及建设风格上的多种不同，给我们的视觉上以及思想上都带来了很大层面上的冲击。新型建筑物虽然有一定的积极意义，但是在大众的眼里却对其有着一系列的看法，因为有的人认为现代的建筑作品比较重视的是建筑艺术，而对于文化方面的传承却少有重视。同时在现如今很多建筑设计师在设计建筑作品的时候，也产生了一些比较新颖的创新倾向，一定程度上就忽视了新型的建筑作品与原有文化之间的联系。同时，在当今全球化发展的进程中，有很多的建筑师对构造艺术建筑作品的空间造型这方面比较重视，而对于建筑构造与其细部对于建筑文化的表达功能却不够重视。只是一味地追求建筑过程中的"合理性"，而没有将设计主旨转化为某个地区或者是一些比较符合大众审美的文化要素，其实这样的建筑在一定程度上就是存在着一定的缺陷。因为建筑与文化二者之间始终存在着密不可分的联系，同时其二者也是相辅相成的，不可以自身抛弃对方而独立存在的，应是以一个综合体的形式存在。在构造艺术建筑作品的时候，必须将其打造成"技术与艺术"融合的一个综合体，应该在艺术建筑作品中表现出充分的文化特征。

"建筑"在我们日常生产和生活当中发挥着必不可少的作用，因为它可以只是我们所居住的房屋，也可以指具有一些实用性的建筑物，它可以满足我们日常生产生活的需要，也可以为我们的生活提供许多便捷与便利。建筑在另一个方面也可以是指，经过艺术建构师的充分构思与思维发挥后，通过自己的努力所设计出来的一系列别具一格的建筑风格与别出心裁的艺术样式。无论如何，建筑都是人类创造的最值得自豪的文明成果之一，同时建筑的发展过程也是人类文化的传承过程。通过分析一个建筑物，其构造以及西部文化表现，不仅可以反映一个民族以及时代的文化内涵，同时其中也凝聚了广大劳动者的智慧与情感艺术，其中积淀着丰富的历史发展文化以及丰富的人文意识形态。所以在现如今，世界呈现全球化发展的今天，我国在建筑艺术作品中一定要保持以及创新发展建筑文化特色。

第二章 建筑构造技术

第一节 工业化建筑构造技术体系

"十二五"期间是国家经济发展方式转变，产业结构进行调整的关键阶段，推动住宅产业化，加快工业化住宅建设对于缓解建筑业面临的资源与环境压力，促进我国房地产业由粗放型发展模式向现代住宅产业转型有着十分重要的意义。

近年来，国家和各地方政府已通过积极培育国家住宅产业化基地和大型住宅产业联盟，加快制订相关技术设计规范和规程，并出台规划建筑面积豁免、节能减排专项补贴等激励措施，扩大工业化住宅体系的应用覆盖率。目前，针对大量新建造的高层住宅的混凝土结构体系已有所突破，相关建筑构配件与产品的产业化水平也有较大提高，北京、上海、深圳、沈阳、济南、合肥等城市逐步开展了建造试点和推广工作。

国内各城市推出试点的各类工业化住宅体系各有特点，发展十分迅速。但是工业化住宅的整体构造技术还不够成熟，如工业化住宅在现场作业与工厂预制部分、土建与装修方面衔接还有待进一步优化；特别是室内装修的部品化和工业化程度仍然较低。各类部品研发技术分散、各自为政，相互之间缺乏统一有效的模数协调体系与接口技术，通用性差，集成化程度难以提高。此外，在如何满足居民个性化需求与可持续更新改造方面尚存在不足。

综上所述，本节拟通过工业化住宅建筑整体构造技术体系的探讨，发掘工业化建筑建造方式的技术潜力，以推动工业化住宅更好的发展。

一、工业化住宅建筑构造技术体系的特征

（一）工业化住宅建筑关注的重点

工业化住宅作为社会化大生产的产物，其发展定位首先应注重标准化和产业化的研究。这就要求对工业化住宅的主要组成部分——承重结构与围护结构、室内装修、设备与环境控制等进行整体把握，分析其相互制约关系，以形成适应工业化住宅建筑特点的

构造技术体系一体化平台。

一般来说，住宅建筑结构体系通常起着基础性作用，目前国内建设的高层工业化住宅中主要结构体系有装配整体式或预制装配式框架结构、(框架)剪力墙结构等几种形式，其研究主要涉及结构构造。而围护结构、室内装修以及建筑设备的整合与集成技术等则是建筑构造领域的主要研究对象，应成为建筑设计人员与研究者关注的重点。

（二）工业化住宅的建筑构造技术体系应具有的特征

1. 模数制与标准化

住宅是一个复杂的系统，可以说实现内部各要素有机整合、高效集成的工业化住宅区别于传统建造方式，发挥其技术优势的关键。这首先要求工业化住宅建筑重视模数制与标准化，分析、制定出合理的设计参数和模数，贯彻统一的建筑模数制，为建筑设计、构配件生产以及施工安装等方面的尺寸协调提供基础，从而推动建筑设计、构配件生产加工以及施工安装技术的标准化。

工业化住宅可采用 3M+2M+1M 的建筑模数控制标准，即主要房间开间与进深采用现在通行的 3M 或 2M，住宅内部隔墙系列产品则可采用 2M+1M 的模数网格。同时进一步对住宅公共空间，设备管井、管线，住宅电器与固定设施(如橱柜)等的优选尺寸与模数进行协调研究。

2. 开放性

工业化住宅构造技术体系建立在统一的建筑模数制与标准化设计基础上，应提高材料、构配件的部品化、模块化水平，完善相关构配件的接口与节点系统，逐步提高体系的开放性与通用性。

3. 适应性

工业化住宅的建设包括房地产开发商、设计、生产、施工、居民及政府相关职能部门等，人们对于工业化住宅有各自的经济、技术、性能以至于社会、精神和心理等层面的需求。特别是工业化住宅最终的服务对象——普通居民因其不同职业、不同收入以及不同家庭人口结构和兴趣爱好等，他们对于住宅的性能需求也各有差异。随着时间的推移，许多家庭人口结构将发生变化，居住需求也会相应改变。为了有效地满足居住者多样化的使用要求，建筑设计应当考虑提高工业化住宅的适应性与灵活性。

二、建筑构造技术体系概述

现阶段可以针对城市经济技术发达地区的特点，积极探索多模式、多层次、开放式的预制装配式或装配整体式混凝土住宅建筑构造技术体系。在住宅承重结构体系明确后，重点考虑解决与工业化住宅整体构造技术密切相关的几个关键问题。

（一）建筑围护结构构造技术

建筑围护结构的功能质量直接关系住宅建筑的安全耐久、保温隔热、防水防潮、隔声等使用性能。其中以预制外墙板的技术最为复杂，加工要求最高，其预制加工技术水平与应用的比例（预制率）成为目前衡量预制装配式住宅技术先进与否的重要指标之一。预制外墙板构造方式多种多样，如可以制成"三明治"式复合结构，由保温层、内外层混凝土墙板以及专用连接件组成的一种复合墙体，结合门窗、外墙饰面材料在工厂一次加工成型，既可以制成混凝土挂板，仅作为围护结构，也可制成承重与围护一体化的构件。

当前对于预制外墙板建筑构造重在加强墙板接缝部位（水平缝、垂直缝和十字缝）的构造处理，同时进一步调整门窗与遮阳设施。不同材料与构造方式的预制外墙及其连接构造技术需要考虑标准化和通用性开发，这方面可以结合国家城镇化建设的战略部署，在有条件的地区如长三角、珠三角、京津冀地区，利用区域内气候相近、老百姓生活习惯、居住要求相似，构件运输距离较为经济的有利条件，率先探索开发适应本地区工业化住宅的围护结构构件流通体系。

（二）装修构造技术

借鉴制造业的理念，工业化住宅应当作为一种完整的产品，提供全面的建筑装修。因此，土建施工结束之后依靠大量人力现场施工的传统装修方式，已经显得越来越力不从心。当前工业化住宅的装修方式应重点解决隔墙、吊顶、楼地面等部位构配件的工厂化加工和现场组装的构造方式，而这一配套装修构造技术应在建筑设计阶段就同承重与围护结构、建筑设备的要求同步考虑。

1. 室内隔墙技术

目前工业化住宅常用的隔墙有加气混凝土砌块、纸面石膏板隔墙、条板隔墙、灌浆墙等。加气混凝土砌块隔墙需要现场砌筑，但隔声性能较好，可以用于分户隔墙。其他几种隔墙结合所在部位应重点开发轻质、隔声、防水、饰面、耐久性等性能；完善配件系统，满足钉挂物品等要求；并与电气设备、家具等进行集成；未来可以进一步采用干式连接，使其更加方便组装、拆卸。

2. 吊顶

在布局紧凑、面积有限的小面积住宅中，层高一般在2.8m，因此通常只需在管线复杂的厨房、卫生间等处局部采用吊顶。工业化装修一般选用轻钢龙骨吊顶，吊顶上应为安装灯具、淋浴间加热器、排气扇等留有位置，应通过预留孔洞等手段合理避开竖向管线、管道，尽量避免材料的浪费和现场的重复劳动。

3.楼地面

楼地面装修应重点解决饰面层和管线综合的问题。应该选择合适的饰面层，如当室内地面采用辐射采暖系统时，则宜采用地砖面层或实铺复合木地板。此外应该考虑到管线综合的需要，这方面国外有非常成熟的系统，如荷兰的 Matura 填充体系的地板模块、日本的架空地板部品等。对于地面辐射采暖的保温层与埋管层，目前国内相关企业也进行了模块化产品的开发。对卫生间可进行局部降板处理，实现同层排水。

（三）设备与环境控制一体化

住宅中的普通设备分为电气设备，采暖与空调设备，厨房、卫生设备等。对于设备管线综合应考虑适当同承重、围护结构分离，管线的铺设充分利用板材隔墙中空部分；吊顶、地面的局部架空及埋管层等空间，方便日后的检修和更换。

厨房和卫生间是住宅中设备最为集中、最为复杂的两个功能空间，也是建筑构造技术体系研究的重点。无论是利用工厂化生产部品进行现场组装，还是选用整体式厨房与卫生间，都应该充分考虑建筑整体设计与施工安装的要求。住宅的厨、卫可以靠近住宅入口相邻设置，便于与公共部分的管井进行衔接，也有利于套内管线布置集中紧凑。卫生间除局部降板进行同层排水，还可以考虑将厨房与卫生间或相邻两个卫生间的隔墙作为管道墙。

三、建筑构造体系的发展策略

工业化住宅建筑构造体系的发展除了具体技术措施的探索之外，离不开评价体系、技术标准、部品认证制度等的支持，也离不开居民对工业化住宅性能的认可与各类企业相关的广泛参与。以下几点对深入研究工业化住宅建筑构造技术体系值得关注。

（一）重视"宜居"性能

近年来，随着住宅建设的迅速发展，我国房地产业由单纯注重住宅数量增长，开始转向质、量并重阶段。大量性住宅的质量、建设标准、设备设施及住区环境等有了很大的提高，人们也更加重视住宅的居住品质、使用功能和建造质量。

工业化住宅能否在市场上打开局面，实现"叫好又叫座"，可以说重点不仅局限于建造速度快、缩短建房周期方面，应该在满足国家对于住宅产业化节能、减排的有关政策上。尊重和积极回应居民对于住宅个性化需求，通过结合本地区的气候特点与资源条件，营造出绿色环保、健康舒适的居住环境，提高居民对工业化住宅的了解程度。

可以在住宅使用说明书中，对所采用的新产品、新技术的特点，如内保温、轻质隔墙、架空地板、地暖等进行细致的说明，使居民对新材料、新技术的优势有系统的了解，也避免居民入住后由于装修等人为因素造成损坏。

（二）重视"更新"性能

在强调工业化住宅建筑构造一体化技术集成的同时，应该突出工业化住宅长寿命、高质量、便于更新改造的技术优势。如通过采用大开间的结构体系，在住宅平面布局中，有意识地将部分使用空间如客厅和卧室可以随功能改变而进行灵活调整。对构造技术设计的预见性、产品的通用性与互换性，应给予更多的关注。同时完善售后服务体系，为用户提供有保障的维修、更新服务等等。

研究表明，建筑业处在国民经济中游，在产业链中能够起到拉动上游绿色生产和下游绿色消费的作用。通过工业化建筑构造技术体系的研究，构建土建、装修、设备一体化技术平台，有助于提高工业化建筑的性能与设计、生产、流通、施工的效率，希望为促进当前我国工业化住宅的发展提供有益参考。

第二节　建筑工程主体结构构造技术

主体结构是基于地基基础之上，接受、承担和传递建设工程所有上部荷载，维持上部结构整体性、稳定性和安全性的有机联系的系统体系，它和地基基础一起共同构成的建设工程完整的结构系统，是建设工程安全使用的基础，是建设工程结构安全、稳定、可靠的载体和重要组成部分。它的基本功能包括三部分：一是主体结构本身形成一个有机联系的系统整体，有效地协调工作，承受主体结构部件本身相互传递的荷载，发挥主体框架支撑功能；二是附着于其体系表面的所有维护结构、装饰面层、相关设备重量及其施工和使用期间的活荷载以及在设计规范限定范围内的相关风载、尘载、雪载、地震荷载等自然力通过主体结构体系有效承担，使建设工程能正常发挥各部分的使用功能；三是与地基基础可靠地联系，将其自身荷载和承受荷载系统地、有效地、稳定地传递给地基基础结构体系，并能与地基基础结构形成协调工作的整体结构体系，和谐地工作以共同维护建设工程整体安全和使用安全。

一、墙体

在砌体结构房屋中，墙体是主要的承重构件。

墙体的作用。墙体在建筑中的作用有以下两点：承重作用，即支撑屋顶、楼层、人及设备负荷和墙体的自重、风荷载、地层荷载等。支撑作用，即对风、雪、雨和其他自然灾害，防止太阳辐射和噪声干扰；墙把房间可以分为多个小空间或小房间；墙的装饰效果的一个重要组成部分，是建筑装饰的作用，对整个建筑的外墙装饰装修效果作用很大。

墙体的分类。墙体的分类方法很多，常用的有以下几种：按材料分类。a.砖墙。墙体的砖分为黏土砖、空心砖、灰砂砖、焦砂砖等。b.加气混凝土砌块墙。加气混凝土是一种轻质材料，其成分是水泥、砂、矿渣、粉煤灰，以铝粉为发泡剂，经蒸制而成的。加气混凝土具有重量轻的特点，可以切割，隔音，保温性能好，用于填充非承重墙。c.石砖墙。石材是一种天然材料，主要用于山区和产石地区。石材墙有乱石墙、整石墙及包石墙等做法。d.板材墙。板墙以钢筋混凝土板，加气混凝土板为主，玻璃幕墙亦属此类。e.承重混凝土空心砌块墙：采用空心混凝土制作，用于6层及6层以下的住宅。按所在位置分。墙体一般分为外部和内部两部分，每个部分都有纵向、横向两个方向，使四种壁，形成的垂直壁、侧壁（又称山墙）、纵向内墙、侧墙。当楼板支撑在横向墙上时，称为横墙承重，这种方法对于横墙的建筑，如住宅、办公楼等。当楼板被支撑在纵向墙上时，称为纵墙承重。这种方法多用于纵墙较多的建筑中，如小学校。当一部分楼板支撑在纵向墙上，一部分楼板支撑在横向墙时，称为混合承重。这种方法是用于办公楼过道或走廊边。

墙体按构造做法分类。实心墙：单一材料（钢筋混凝土黏土砖、黏土空心砖、陶粒混凝土空心砖、石块混凝土）和复合材料的加气混凝土复合、融土多孔砖和焦炭灰分层组合砌体）不留空白的墙。空斗墙。空斗墙的应用在我国民间已经很久远了。这种墙是用灰砂砖和其他材料砌筑的。砌体垂直平面。空斗砖在靠近墙角、墙角、洞口和直接承受梁板压力的部位，都应该砌筑实心砖墙，以便满足承受荷载的要求。

二、门窗

门窗的作用。门在住宅建设中的作用是交通联系，以及照明和通风，窗主要起照明、通风和眺望的作用。在不同的情况下，门窗还有保温、隔音、分离、防火、防辐射、通风、沙和其他要求。在建筑立面构成门窗大厅，其规模、比例、形状、组合物、透明材料的类型，都会影响建筑的艺术效果。门窗的材料主要采用木材和钢材，其次是铝合金和塑料。

门的形式和尺寸。门的形式。门按其开启方式通常有：平开门、弹簧门、推拉门、折叠门、转门等。门的尺寸。门的尺度通常是指门洞的高宽尺寸，门作为交通疏散通道，其尺度取决于人的通行要求、家具器械的搬运及与建筑物的比例关系等。一般民用建筑门的高度不宜小于2100mm。为了使用方便,一般民用建筑门、木门、铝合金门类型及有关尺寸,设计时可按需要直接选用。

窗的形式及尺寸。通常窗的开关方式有固定窗、平开窗、悬窗、推拉窗和百叶窗等。

三、楼梯和电梯

建筑空间的竖向组合交通联系,依靠楼梯、电梯、自动扶梯、台阶、坡道以及爬梯等竖向交通设施。其中,楼梯作为竖向交通和人员紧急疏散的主要交通设施,使用最为广泛;垂直升降电梯则用于7层以上的多层建筑,在一些标准较高的宾馆等低层建筑中也使用;自动扶梯用于人流量大且使用要求高的公共建筑,如商场、候车楼等;台阶用于室内外高差之间和室内局部高差之间的联系;坡道则用于建筑中有无障碍交通要求的高差的联系,也用于多层车库中通行汽车和医疗建筑中通行担架车等;爬梯专用于检修等。

四、楼盖

楼盖是房屋水平结构的承重构件,主要由面层、承重层和顶棚三部分组成。钢筋混凝土楼板采用混凝土与钢筋共同制作。这种楼板坚固、耐久、刚度大、强度高、防火性能好,当前应用比较普遍。钢筋混凝土按施工方法分,可以分为现浇钢筋混凝土楼板和装配式钢筋混凝土楼板两大类。现浇钢筋混凝土楼板一般为实心板,现浇楼板还经常与现浇梁一起浇筑,形成现浇梁板。现浇梁板常见的类型有柱形楼板、井字梁楼板和无梁楼板等。装配式钢筋混凝土楼板,除极少数为实心板以外,绝大部分采用圆孔板和槽形板(分为正槽形板与反槽形板两种)。装配式钢筋混凝土楼板一般在板端都装有钢筋,现场拼装后用混凝土灌缝,以加强整体性。

五、屋顶

平屋顶。平屋面的基本结构为:屋面承重板、找坡层、保温层、找平层和防水层。屋面板是平屋顶的重要承重结构。屋顶的重量,雪荷载通过屋顶的墙。屋面板类型有空心板、楷形板。找坡层平屋顶迅速排水,一般应保持在2%~3%流域坡度,坡层完成。找坡层随钢渣铺设在屋顶平台,形成不同的厚度。保温层由渣、加气混凝土砌块、膨胀和其他石膏保温材料做成。轻质保温材料,耐腐蚀性。绝缘层的厚度取决于保温材料。找平层的目的是建立一个强大、光滑的在绝缘层外侧的外壳,在铺设防水膜创造一个良好的基础。如果基底高低不平或松软,油毡铺设后,很容易起鼓或穿洞。找平层一般为

20～30mm 厚的水泥砂浆抹灰。找平层干燥后方可贴防水卷材。屋面防水和柔性防水和刚性防水两种。常见柔性防水的方法为以热塑丁苯橡胶为主材的改性沥青卷材防水、再生胶卷材防水，以及氧化聚乙烯、三元乙丙橡胶等合成高分子卷材的防水方法，如细石钢筋混凝土刚设防水屋面。

其他类型屋顶。常见有折板屋顶和曲面屋顶等。折板屋顶是断面呈折形空间的薄壁结构。曲面屋顶有双曲拱屋顶、球形网壳屋顶、肩壳屋顶、结构屋顶等。这类屋顶多为薄壁结构、网架结构、悬挑结构承重，结构内力分布合理，节约材料，但施工复杂，多用于大跨度的大型公共建筑。

第三节　钢结构建筑构件连接构造技术

随着现代建筑施工材料及施工技术的发展，多元化建筑材料及施工技术的应用丰富了建筑艺术的表现形式。以最常见的钢材为例，它良好的抗折性、抗弯性、强度、抗震性、韧性、塑性、耐热性、导电性、光泽及工业质感等工作性能，为建筑结构造型创新提供了更多的可能，如钢结构漏窗、钢结构护栏、钢结构受力构件、钢结构拉弯压弯构件等等。无论是作为承重连接构建，还是造型装饰构件，钢结构建筑构件都能够更好地将实用性与艺术性相结合，在建筑结构中凸显别具一格的价值。当然，以上可能都必须建立在科学合理地应用钢结构材料及施工技术的基础之上。因为钢结构自身也存在着易锈蚀和耐火性差的缺陷。钢结构建筑构件唯有通过特殊工艺及保护技术，才能将其优势最大限度地发挥出来。钢材作为现代建筑最广泛的应用材料之一，研究钢结构建筑构件连接构造技术对提升其在建筑结构中的应用价值有着重要的意义。

一、钢结构建筑构件及其特点

（一）钢结构建筑构件

我国在刚铁建筑结构的应用历史相对较早。铁建筑结构就是钢建筑结构的前身。早在明清时期，铁建桥梁就已经在我国得到应用。如明成化年间的云南霁虹桥、清康熙年间的四川泸定桥等，都是早期铁索桥的代表。在铁建的带动下，明清钢铁结构也有所发展，但受封建制度的限制发展缓慢。到半封建半殖民地时期，国内钢铁建筑结构增多，主要由外国人设计。直到新中国成立以后，钢结构建筑才在国内桥梁、厂房、塔桅、大跨度公共建筑等范围内得到较为广泛的应用，并快速地发展起来。如今，钢铁结构已在现代建筑中得到极其广泛的应用，也带动了国内钢铁业的发展。

钢结构构件主要由杆件、索等组成。常见的钢结构受力件有拉索、拉杆、压杆、受弯杆件、拉弯构件、压弯杆件、拱架、钢架等等。此外，还有一些为钢构件与混凝土的组合件，如钢管混凝土、型钢混凝土构件等等。以上这些杆件、索等是构成钢结构件形式的最基本单位，也称钢结构基本构件。不同类型刚结构基本构件之间所采用的连接形式及其连接技术有所差异。

（二）应用特点

钢结构材料在建筑中的应用体现了强度高、质量精、韧性好、材质均匀、工业化程度高、密封性好、抗震性好的特点，同时也有耐火性差、耐腐蚀性差的缺点。因其自身的特点及其结构形式的多元化，使其具有极其广泛的应用范围，它包括工业厂房、大跨结构、高层及多层建筑、轻型钢结构、钢混组合结构、塔桅结构、板壳结构、桥梁结构、移动式结构等等。

二、钢结构建筑构件的应用

（一）钢结构基本构件的应用原则

钢结构基本构件的连接应遵循安全可靠、传力明确、构造简单、制造方便、节约钢材的基本原则。其中连接的安全可靠是首要原则。

（二）受力构件的应用

受力构件主要应用于桁架、网架、塔架等钢结构中。其钢结构的截面形式主要包括实腹式、格沟式等。影响钢结构受力构件应用安全可靠性的主要因素包括构件承载能力极限状态下的强度、稳定性，以及正常使用极限状态下的强度、刚度及稳定性。构件连接构造时要加强对受力构件受力性能的计算，以及轴心受压杆件的弹性弯曲屈曲与整体稳定性的计算。同时分析偏心荷载、横向荷载以及弯矩，并根据钢结构基本构件形式做好连接点的质量控制。

（三）拉弯压弯构件的应用

工业厂房、多层房屋建筑的框架柱等，均采用了拉弯压弯构件。拉弯构件与压弯构件在进行连接时，也要对构件承载能力极限状态以及正常使用极限状态下的强度、刚度及稳定性进行计算，分析偏心荷载、横向荷载以及弯矩的作用，在连接施工时做好允许偏差的控制。

三、钢结构构件连接构造的关键技术

（一）钢结构构件连接技术

1. 焊接连接技术

焊接技术是钢结构基本构件最常见的连接形式。一般通过电弧产生的热量将焊条与焊件局部熔化，冷却凝结成焊缝使二者连接为一体的方式。焊接连接技术可直接焊接，施工简单、节约材料，连接点密封性好、刚度大。焊接连接的质量与焊接技术有着紧密的关系。当焊接温度较高时，就使钢材变得脆弱，或因焊接使应力处理不当形成残余萤火或变形问题，还可能因焊接处理不当导致裂缝的发生。焊缝裂缝低温冷脆问题是焊接连接技术最常见的问题。焊接连接在钢结构基本构件中的应用极其广泛。除少数直接承受动力荷载的钢结构部位因易生产疲劳破坏而不易采用焊接连接外，其他构件连接构造基本可以采用焊接连接进行处理。根据焊接技术，常见的钢结构焊接连接的焊缝有焊缝、对接焊缝、塞焊缝、坡口焊缝等。目前，国内自动化焊接技术已经得到广泛应用。在钢结构基本焊接处理时，可采用自动化焊接技术来提升焊接连接的质量。

钢结构连接常用的焊接方法有电弧焊、埋弧焊、气体保护焊、电阻焊等。以电弧焊为例。采用焊接技术连接钢结构基本构件时，应注意选用的焊条应当与焊件钢材主体属性相适应。不同钢种的钢结构焊接连接时采用的焊条也不同。非同类型钢材一般采用与低强度钢材相应的焊条。如 Q235 钢选择 E43 型焊条（E4300-E4328）、Q345 钢选择 E50 型焊条（E5001-E5048）、Q390、Q420 钢选择 E55 型焊条（E5500-E5518）。埋弧焊自动化程度高，焊接效率快、质量高，但设备投资大、施工位置有一定限制。多应用于工期紧、质量要求高且施工位置允许的钢结构焊件焊接。气体保护焊接无熔渣，焊接效率高、质量好，但不适用于风浪较大的环境。电阻焊主要适用于板材厚度小于 12mm 的钢结构件的焊接。焊缝要根据被连接钢材的位置而定，一般选择对接、搭接、T 形连接、角部连接的方式。钢管之间的连接一般采用 T 形、Y 形连接的形式。

2. 螺栓连接技术

螺栓连接也是钢结构基本构件的主要形式之一。根据螺栓分类，螺栓连接可以分为 C 级螺栓与 A、B 级螺栓两大类。C 级螺栓根据制造的钢材级别，分为 4.6 级和 4.8 级两种，尺寸精度和强度相对偏低，螺杆与螺孔间间隙为 1.5~3mm。当 C 级螺栓受剪时板间易产生较大的滑移，其剪切性能相对较差，受拉性相对较好，应用范围较广。A、B 级螺栓根据制造的钢材级别分为 5.6 级和 8.8 级两种。这类螺栓的尺寸精度及精度较高，螺栓与螺孔间间隙仅为 0.3~0.5mm，有着较好的受剪性能。因制造工艺复杂，安装热处理工艺复杂，制造安装过程中材料浪费严重，应用范围受到一定的限制。此外，部分钢结构建筑对整体结构的强度和稳定性要求较高，往往采用高强度螺栓连接。高强度螺栓采用经过热处理的优质合金结构。根据螺栓材料强度等级，分为 10.9s 级、8.8s 级两种。根据螺栓连接形式，分为摩擦型连接、承压型连接。摩擦形连接利用了板叠间的摩擦力传递剪力，具有变形小、耐疲劳、不易松动的优势，在动荷载钢结构中应用优势最为明显。承压型连接利用了栓杆与螺栓孔壁靠近传递剪力，具有强度高的优势。它只能应用于承受静荷载或间接动荷载的钢结构基本构件的连接。

3. 铆钉连接技术

铆钉连接指将铆钉插入钢结构铆孔后通过施压使铆钉端部与铆孔铆合的钢结构件连接方式，一般采用加热铆合的方式。铆钉连接的优势是传力可靠、塑性与韧性好。因铆钉加工制造对钢材耗费较大，且加工制造劳动强度大，承载力有限，因此使用范围较小。一般的钢结构件之间连接都可以采用焊接或螺栓连接的方式替代。

4. 铸钢节点连接

铸钢节点多应用于承载力较大或大跨度钢结构件连接中。铸钢节点的主要形式有树型、钗接型及混合型几种。树型铸钢节点多应用于代替主管与多跟支管节点，来分散焊接应用。钗接型铸钢节点多应用于钢结构杆件端部或支座处的连接。混合型铸钢节点则融合了树型、钗接型铸钢节点的优势，应用范围较广，工作性能也更好。如南京奥林匹克体育中心的铸钢球节点的设计。其优点是造型美观、承载力及稳定性更好。目前国内铸钢节点连接技术应用面临的最大问题就是铸钢件生产标准的差异性。应对现行国标铸钢要求偏低，且标准化要求不高，导致铸钢节点连接在大跨度或承载力较大的钢结构件连接中缺乏质量保证。

（二）钢结构构件连接构造的造型艺术

钢结构建筑构件是构成现代建筑不可缺少的元素。钢结构件在建筑构造中除了起承重、连接及稳定性作用外，还有着其自身的艺术设计表现形式。在满足钢结构建筑安全可靠的条件外，钢结构件构造连接还需要注重建筑结构构造的艺术与审美价值。即在符合一般工程力学的假定基础上选择质地均匀、重量轻、塑性与韧性好、协同性好、整体性高的连接件及连接处理方式。要求在钢结构艺术形态创新的基础上，保证钢结构整体的稳定性不变。

（三）钢结构构件连接构造的保护措施

根据钢材耐腐蚀性差的特点，钢结构构件连接构造施工中必须加强对基础构件与连接件的防腐保护，采用镀金属层或涂漆等方式处理。对焊缝也要采取防腐蚀保护，来延长钢结构连接部位的生命周期。

综上所述，钢结构建筑构件作为连接件的应用非常广泛。最常见的连接方式包括焊接连接、螺栓连接、锚钉连接、铸钢节点连接、钢管混凝土结构连接、混凝土预制构件湿法连接等。具体连接方式及其技术工艺的选择还要根据钢结构建筑构件连接件的承载需求而定。在钢结构连接构造的应用中，首要条件是安全可靠，其次要注重传力明确、构造简单、制造方便、节约材料。在连接件表现形式上，可适当融入艺术的表现形式，将真实与夸张相结合，塑造更加多样化、个性化的艺术形态，以实现钢结构构件连接构造的安全性、经济性、美观性以及良好适应性的目标，全面提升钢结构连接件作为建筑连接构造的价值。

第四节　建筑构造减震技术

20世纪末，有专家学者设想在建筑物上部结构和基础之间设滑移层作为隔离装置，阻止地震能量向上传递。我国从20世纪60年代开始关注隔震理论的研究，近年来已取得了很多成果与经验。我国隔震建筑目前已应用于多个省市自治区，已设计和建成的隔震房屋数量仅次于日本，其中较有代表性的有：汕头全国第一幢隔震住宅楼，被联合国评价为"世界隔震技术发展的第三个里程碑"；北京通惠家园住宅区隔震住宅楼；全国第一座铁路隔震桥梁——新疆布谷孜大桥（9孔，各32m）；全国第一座隔震公路桥梁——石家庄石津渠桥（3孔，各14m）等。我国在《国务院关于加强防灾减灾工作的通知》（国发〔2004〕25号文）中提出了防灾减灾的奋斗目标，势必对隔震减震技术的发展有新的推动作用。超过计划投资的情况，但在大多数情况下实际投资未超过计划投资。

一、隔震与消能减震原理分析

减振是工程上防止振动危害的主要手段。减振可分为主动减振和被动减振。主动减振是在设计时就考虑消除振源或减小振源的能量或频率，被动减振有隔振和吸振等。隔振又可分为主动隔振和被动隔振。

传统的建筑结构设计以"小震不坏、中震可修、大震不倒"为建筑设计的设防标准。按这种设防标准设计的建筑结构在遇到小、中型地震时，依赖结构吸收、消耗地震带来的能量具有可行性。这种建筑结构在设计时虽然采取严格的设计，但在遇到超过设计所能抵抗的大地震时，仍不能保证建筑结构的安全。这也使得很多专家致力于寻找在各方面优于传统建构结构设计的新体系。

隔震设计是指在房屋底部设置由橡胶隔震支座和阻尼器等部件组成的隔震层,以延长整个结构体系的自振周期,增大阻尼,减少输入上部结构的地震能量,达到预期的防震要求。也就是说,通过隔震层的大变形来减少上部结构的地震作用,减轻地震破坏程度,使建筑物只发生轻微运动和变形,从而保障建筑物的安全,隔震一般可使结构的水平地震加速度反应降低60%左右。

1991年,橡胶垫隔震减震器获美国发明专利,它是一层橡胶一层钢板的多层反复重叠,并在其中心部位钻孔,安放铅芯棒所组合而成的装置。我国较成熟的隔震支座包括中硬度橡胶隔震支座、低硬度橡胶支座、滑板支座和弹性滑板支座等。

建筑结构隔震层的设计改变了建筑上部结构的周期,从而降低了上部结构对地震的反应,进而确保了上部结构即使在遇到强烈地震时也仍处于弹性状态,甚至能保持在自然弹塑性变形的初期状态。隔震体系抗震措施简单明了,还能降低房屋造价,而且震后修复方便,震后只需对隔震装置进行必要的检查更换,有明显的社会效益和经济效益。

消能减震设计指在房屋结构中设置消能装置,通过其局部变形提供附加阻尼,以消耗输入上部结构的地震能量,从而使主体结构构件在罕遇地震下不发生严重破坏。当建筑结构承受地震带来的能量时,耗能装置和耗能部件通过产生弹塑性来滞回变形,从而吸收、消耗地震带来的巨大能量,减少主体建筑结构受地震巨大能量的影响,进而达到减振、控震的目的。

消能装置通常由阻尼器、耗能支撑等组成。消能部件可根据需要沿结构的两个主轴方向分别设置,宜设置在层间变形较大的位置,消能器应具有足够的吸收和耗散地震能量的能力和恰当的阻尼。消能装置不改变结构的基本形式,房屋的抗震构造与普通房屋相比不降低,其抗震安全性可有明显的提高。此外,消能装置应安装在便于维护人员接近和操作的位置。

消能减震技术具有构造简单、造价低廉、适用范围广、维护方便等优点,既适用于新建工程,也适用于已有建筑物的抗震加固改造;既适用于普通建筑结构,也适用于抗震生命线工程。

二、隔震与减震技术

黏弹性阻尼结构的风洞试验、地震模拟振动台试验及大量的结构分析表明,在结构中安装黏弹性阻尼器可减小风振反应和地震反应40%~80%,可确保主体结构在强风和强震中的安全性,并使结构在强风作用下,结构的舒适度控制在规定的范围内。西雅图哥伦比亚中心大厦起初是因为在风振的影响下，顶部几层有明显的不舒适感，按上黏弹性阻尼器后，不再有不舒适感，效果良好。若采用加大刚度的方法来获得同样的效果，需要把现有的柱尺寸扩大一倍，价值约800万美元，显然采用增加刚度的办法在经济方面是难以接受的，而采用黏弹性阻尼器所用的试验及安装费用仅70万美元。在北京的银泰中心也设置了黏滞阻尼器，试验结构证明有很好的减震效果。由此可见，采用黏弹性阻尼器减小建筑的风振或地震效应在经济上是相当可观的。

结构主动控制是利用外部能源，在结构受激励振动过程中，对结构施加控制力或改变结构的动力特性，从而迅速地减小结构的振动反应。主动控制系统主要包括传感器、控制器和作动器三个组成部分。传感器测量结构反应或外部激励信息。控制器处理传感器测量的信息，实现所需的控制律，其输出为作动器的指令。作动器产生控制力，所需的能量由外部能源提供，控制力有时通过一个辅助子结构作用到受控结构上。主动控制的工作原理为：传感器监测结构的动力响应和外部激励，将监测的信息传入计算机内，计算机根据给定的算法计算出控制力的大小，最后由外部能源驱动作动器产生所需的控制力而施加于结构上。由于实时控制力可以随输入地震波改变，因此控制效果基本不依赖于地震波的特性，这方面明显优于被动控制。

隔震减震技术作为一门新兴应用技术，是具有良好的发展前景的。它为建筑的抗震设计和抗震加固提供了一条崭新的途径，同传统的抗震体系比较，隔震与减震技术具有安全有效、适用、机理明确、效果显著，安全可靠等优点。特别是在应对突发性的地震灾害时，隔震和减震技术的应用起到减少震中破坏、倒塌，一方面既保护了人民的生命财产安全，同时也保护了建筑结构本身，其存在的优势决定了该项技术在工程应用中具有广泛的发展前景。

第五节　建筑构造柱施工技术

在房屋建筑过程中，对于构造柱的施工有着严格的要求，具有严格的操作规范性，我国建筑管理部门也制定了相关的操作规范和技术要求。但是由于施工人员的素质和技术水平不够，使得构造柱的施工出现了很多质量问题。钢筋和混凝土是构造柱的主要组成部分，也是发挥构造柱功能的部分。所以，要加强构造柱的施工质量和使用性能，就需要从钢筋施工和混凝土施工着手。

一、构造柱施工技术分析

根据抗震的规范，构造柱的竖向钢筋均根植于基础圈梁上。

在进行施工的过程中，构造柱的锚固长度为35d，其确保钢筋的位置符合相关要求。此外，构造柱的主筋要插入在基础钢筋下。在对构造柱的基础进行施工时，第一项任务是测量出钢筋的主要位置。若基础圈梁底距离室外地坪≥550mm，那么构造柱的底部则进行根支和圈梁。若基础圈梁底距离室外地坪＜550mm时，则根据相关规范对构造柱底部根植。地圈梁的混凝土强度要达到要求后对构造柱筋进行绑扎，其绑扎时要对构造柱的基础钢筋搭接长度、型号进行精确的把握，及时校正误差。为了固定构造柱筋的位置，沿墙高的每500mm设置拉结筋，并和构造柱进行连接。构造柱的主筋位置、间距、箍筋间距等均要符合要求。在进行砌砖前，要先根据工程图纸的要求预留出构造柱的位置，将构造柱插筋安放，砌砖墙时要和构造柱连接处的墙体形成马牙槎。在进行砌筑时，要采用先退后进的形式，随时对马牙槎砌体的尺寸进行检查，严禁在挑出的部分采用侧砖进行砌筑。砖墙同构造柱间的沿墙高每500mm位置设置2根水平的拉结筋，拉结筋要伸入柱内200mm，伸入墙1000mm。绑扎和砌筑完成后，要支设模板且检查模板的垂直度、平整度。构造柱的混凝土施工，要做好构造柱的施工缝处理，处理时要注意在砌筑砖墙过程中，采用水泥纸袋、塑料薄膜等物将施工缝罩住，且在柱底的位置留好施工洞用于清理杂物。另外，在施工缝的位置铺上一层20mm同混凝土成分相同的水泥砂浆。为了更好地确保构造柱的质量，要对其进行振捣密实。在进行构造柱混凝土的浇筑过程中，为保证施工的便利，则要把混凝土砂浆先卸于料斗上，继而用铁锹将其灌至模中，禁止用斗车直接将其卸入模内。当对构造柱混凝土进行振捣时，要先将混凝土的振捣棒插到柱底，再分层灌进混凝土进行浇灌振捣。要保证每层的厚度在500mm以内，边下料边进行振捣，且要保证慢插快拔。振捣的过程中，要尽量防止振动棒直接与砖墙接触。浇筑完成后，要及时进行养护工作，以保证混凝土的强度。

二、构造柱施工中经常出现的几类问题

（一）柱中心线位移

为了确保构造柱同墙体有力地连接，帮助构造柱充分地发挥其作用，在对构造柱施工的过程中，要求构造柱基础至顶部时均保持垂直，中心线对准。但是，在施工中由于钢筋骨架支立不够牢固，吊装过程中钢筋骨架不能承受自重产生倾斜、绑扣松动。如果不能及时地校正，墙体也会随之偏斜，导致上层的构造柱的钢筋出现位移。更严重的是，

部分施工人员忽视在构造柱的钢筋骨架背部加支撑的重要性，导致在浇筑的过程中，因为构造柱的主筋被搬动、振捣棒会撬动钢筋等原因使构造柱的主筋发生位移。部分施工人员发现钢筋发生位移后不进行处理，而是将构造柱的主筋随意的弯折就位，从而造成工程的隐患。

（二）墙体马牙槎砌筑错位

构造柱部位的砖墙设置马牙槎是为保证砖砌体和构造柱的结合牢固，使其形成配筋砌体，还可借助马牙槎的外露，检查构造柱的质量、清扫钢筋上的砂浆。有关规定表示，构造柱与墙体连接位置应砌成马牙槎，而且马牙槎的高度不应超过300mm；构造柱与马牙槎砌筑时，应先退后进，马牙槎进退尺寸不小于60mm，上下交错。在施工中，经常发现部分工程不留马牙槎或者留置的位置不正确、先进后退、错位偏行、侧进侧退等现象，影响构造柱的质量。

（三）构造柱出现孔洞、蜂窝、麻面

在构造柱施工过程中，由于构造柱的根部均比楼板的地面低，容易形成个凹坑。然而，在墙体砌筑的过程中，砂浆、碎砖以及木屑等会掉进坑中，在混凝土浇筑前若不清理干净，会使构造柱根部杂层；不按顺序认真振捣产生漏振，造成构造柱蜂窝或孔洞；不按规定进行投料，一次性下料过多，下部的振捣器振动作用的半径达不到，混凝土形成了松散的状态，造成振捣不实，出现混凝土断条、麻面、孔洞、蜂窝等缺陷，导致构造柱最终失去应有的作用。

（四）构造柱处的墙体变形、开裂

近年来，采用外墙外保温的节能建筑，其材料的厚度同传统材料相比较薄；加上开发商为追求工程的进度，进行墙体砌筑砂浆时，其墙体强度不能达到标准要求就进行构造柱的浇筑；此外，施工人员在施工过程中忽视相关标准规范，模板未支撑牢固就进行构造柱中混凝土的灌注，导致构造柱的墙体出现变形、开裂，此类质量缺陷在实际建筑工程中常常发生，因此施工技术人员必须保持高度的重视，否则可能会导致工程留下难以挽回的隐患。

三、构造柱施工问题的预防措施和治理方法

（一）确定好构造柱的中心线

为了解决构造柱中心线位移、钢筋骨架倾斜等问题，在进行构造柱的绑扎前要做好轴线，以确定好构造柱位置。在进行砌砖前，一定要保证下层的轴线垂直并引至上层构

造柱根部，还要将钢筋骨架支立牢固。在混凝土进行浇筑前，要对构造柱的基础、下层伸出的搭接钢筋位置、长度等进行检查，从而固定构造柱的钢筋位置。在进行马牙槎砌筑时，要按照规定进行水平拉结钢筋的设置、构造柱钢筋的绑扎。构造柱的钢筋一定要和圈梁的钢筋绑扎连接，形成封闭的框架。砌筑马牙槎时要保证构造柱马牙槎的垂直度以及几何尺寸。砌完砖墙后，要对构造柱的钢筋进行修整，还可借助马牙槎校正钢筋骨架的位置，采用加设内支撑的方式、绑钢筋垫块的方式进行牢固，以保证钢筋位置、间距的准确。

（二）马牙槎的砌筑应规范

对于不留马牙槎的现象，会降低墙体整体的性能。而在马牙槎砌筑过程中，容易使砖墙和构造柱形成较大的隔离。在具体的施工过程中，技术人员要勤于检查监督，保证及时发现问题，并对问题责令立即改正，只有按规范要求进行留置，才能够真正起到马牙槎的作用。

（三）避免构造柱的混凝土出现断条、麻面、蜂窝等缺陷

构造柱的施工缝接槎处的松散混凝土及砂浆，需要清理干净，并且要将砌体的留槎部位以及模板内落地灰、砖渣与其他杂物等全部清理干净，不应在吊斗直接将混凝土卸入模内，浇筑混凝土构造柱要先将振捣棒插入柱底的根部，使其振动在灌入混凝土，应分层浇灌振动，每层厚度不超过50cm，边下料边进行振捣，连续作业直到浇灌到顶，以保证柱体混凝土的内实外光。在建筑工程中，混凝土出现麻面、孔洞、蜂窝、露筋等问题的主要由于振捣不实、漏振、钢筋位置不准确、缺少饱和层垫架措施等导致的。所以，在进行构造柱混凝土的浇灌前，施工技术人员、质检人员要对钢筋的位置、保护层的厚度等进行精确的检查，及时发现问题并进行调整。

四、构造柱的质量控制

构造柱的建造是为了有效地保证砌体同构造柱间的良好衔接，形成一个整体，增强建筑的抗震能力。因此，在构造柱的施工时，构造柱周围的砌体结构要砌成马牙槎，同时在进行混凝土浇筑时，要保证柱腔内杂物清理干净，以避免发生断柱或是夹层的可能。同时，对于结筋的设拉要严格按照相关的设计要求来进行，以保证上下层之间的贯通，避免发生错位。同时，混凝土浇筑也要严格按照要求来进行，从而保证其强度。

综上所述，构造柱中的钢筋施工技术问题、混凝土的施工质量问题，是造成构造柱质量不达标，进而导致建筑物性能严重受损的主要原因。为了加强构造柱施工质量要在施工技术、施工建材以及施工管理等多个方面着手，对其质量进行有效的监控，从而保

证构造柱建成之后有较好的垂直度和水平度，从而使得砌体砖墙平面和构造柱平面两者的平整度高度统一，进而保证建筑物的质量和抗外力水平达标。

第三章　建筑设计原理

第一节　高层建筑设计原理

当前，我国的高层建筑外部造型设计多以追求建筑形象的新、奇、特为目标，每栋高层都想表现自己，突出自我，而这样做的结果只能使整个城市显得纷繁无序、生硬，建筑个体外部体量失衡，缺乏亲近感，拒人于千里之外。造成这种现象的主要原因是缺乏对高层建筑的外部尺度的认真仔细推敲，因此，对高层建筑的外部尺度的研究是很有必要的。

首先定义一下尺度，所谓的尺度就是在不同空间范围内，建筑的整体及各构成要素使人产生的感觉，是建筑物的整体或局部给人的大小印象与其真实大小之间的关系问题。它包括建筑形体的长度、宽度、整体与城市、整体与整体、整体与部分、部分与部分之间的比例关系，及对行为主体人产生的心理影响。高层建筑设计中尺度的确难以把握，因它不同于日常生活用品，日常生活用品很容易根据经验做出正确的判断，其主要原因有：一是高层建筑物的体量巨大，远远超出人的尺度。二是高层建筑物不同于日常用品，在建筑中有许多要素不是单纯根据功能这一方面的因素来决定它们的大小和尺寸的，例如门，本来可以略高于人的尺度就可以了，但有的门出于别的考虑设计得很高，这些都会给辨认尺度带来困难。在进行高层建筑设计时，不能只单单重视建筑本身的立面造型的创造，而应以人的尺度为参考系数，充分考虑人观察视点、视距、视角，和高层建筑使用亲近度，从宏观的城市环境到微观的材料质感的设计都要创造良好的尺度感，把高层建筑的外部尺度分为五种主要尺度：城市尺度、整体尺度、街道尺度、近人尺度、细部尺度。

一、高层建筑设计中的外部尺度

（一）城市尺度

高层建筑是一座城市的有机组成部分，因其体量巨大，高度很大，是城市的重要景点，对城市产生重大的影响。从对城市整体影响的角度来看，表现在高层建筑对城市天际轮廓线的影响，城市的天际轮廓线有实、虚之分，实的天际线即是建筑物的轮廓，虚的天际线是建筑物顶部之间连接的光滑曲线，高层建筑在城市天际线创造中起着重要的作用，因城市的天际轮廓线从一个城市很远的地方就可以看见，也是一座城市给一个进入它的人的第一印象。因此，高层建筑尺度的确定应与整个城市的尺度相一致，而不能脱离城市，自我夸耀，唯我独尊，不利于优美、良好天际线的形成，直接影响城市景观。高层建筑对城市局部或部分产生的影响，是指城市内比较开阔的地方。因此，城市天际轮廓线不仅影响人从城市外围所看的景观，也直接影响市内居民的生活与视觉观赏。高层建筑对城市各构成要素也产生重大的影响，高层建筑的位置、高度的确定，也应充分地考虑该城市尺度、传统文化，不当的尺度会对城市产生不良的影响，改变了城市传统的历史文化，也改变了原来城市各构成要素之间有机协调的比例关系。

（二）整体尺度

整体尺度是指高层建筑各构成部分，如裙房、主体和顶部等主要体块之间的相互关系及给人的感觉。整体尺度是设计师十分注重的，关于建筑的整体尺度的均衡理论有许多种，但都强调整体尺度均衡的重要性。面对一栋建筑物时，人的本能渴望是能把握该栋建筑物的秩序或规律，如果得到这一点，就会认为这一建筑物容易理解和掌握；若不能得到这一点，人对该建筑物的感知就会是一些毫无意义的混乱和不安。因此，建筑物的整体尺度的把握是十分重要的，在设计时要注意下面的两点：

各部分尺度比例的协调高层建筑一般由三个部分组成的——裙房、主体和顶部，也有些建筑在设计中加入了活跃元素，以使整栋建筑造型生动活跃起来。一个造型美的高层建筑是建立在很好地处理了这几个部分之间的尺度关系，而这三个部分尺度的确定，应有一个统一的尺度参考系（如把建筑的一层或几层的高度作为参考系），不能每一部分的尺度参考系都不同，这样易使整个建筑模糊、难以把握。

高层建筑中各部分细部尺度应有层次性高层建筑各部分细部尺度的划分是建立在整体尺度的基础上的，各个主要部分应有更细的划分，尺度具有等级性，才能使各个部分的造型构成丰富。尺度等级最高部分为高层建筑的某一整个部分（裙房、主体和顶部），最低部分通常采用层高、开间的尺寸、窗户、阳台等这些为人们所熟知的尺寸，使人们观察该建筑时很容易把握该部分的尺度大小。一般在最高和最低等级之间还有 1～2 个尺度等级，也不宜过多，太多易使建筑造型复杂而难以把握。

（三）街道尺度

街道尺度是指高层建筑临街面的尺度对街道行人的视觉影响。这是人对高层建筑近距离的感知，也是高层建筑设计中重要的一环。临近街道的高层建筑部分的尺度确定，主要考虑到街道行人的舒适度，高层建筑主体因为尺度过大，易向后退，使底层的裙房置于沿街部分，减少了高层建筑对街道的压迫感。例如，上海南京路两边的高层建筑置于后面，裙房置于前使两侧的建筑高度与街道的宽度的比例为 1：12，形成良好的购物环境。为了保持街道空间及视觉的连续性，高层建筑临街面应与沿街的其他建筑相一致，宜有所呼应。比如，在新加坡老区和改建后的一条干道的两侧，为了不致造成新区高层和老区低层截然分开，沿新区一侧做了和老区房屋高度相同相似的裙房，高层稍后退，形态效果良好的对话关系。

（四）近人尺度

近人尺度是指高层建筑最低部分及建筑物的出入口的尺寸给人的感觉。这部分经常为使用者所接触，也易被人们仔细观察，也是人们对建筑直接感触的重要部分。其尺度设计应以人的尺度为参考系，不宜过大或过小，过大易使建筑缺少亲近性，过小则减小了建筑的尺度感，使建筑犹如玩具。

在近人尺度处理中，应特别注意建筑底层及入口的柱子、墙面的尺度划分，檐口、门、窗及装饰的处理，使其尺度感比以上几个部分更细。对入口部分及建筑周边空间加以限定，创造一个由街道到建筑的过渡缓冲的空间，使人的心理有一个逐渐变化的过程。比如，上海图书馆门前采用柱廊的形式，使出入馆的人有一个过渡区，这样使建筑更具有近人及亲人性。

（五）细部尺度

细部尺度是指高层建筑更细的尺度，它主要是指材料的质感。在生活中，有的事物我们喜欢触摸，有的事物我们不喜欢触摸——我们通过说"美妙"或"可怕"来对这些事物做出反应，形成人的视觉质感，建筑设计师在设计过程中要充分运用不同材料的质感，来塑造建筑物，吸引人们亲手去触摸或至少取得同我们的眼睛亲近感，换言之，通过质感产生一种视觉上优美的感觉。勒·柯布西埃在拉托尔提建造的修道院是运用或者确切地说是留下大自然"印下"的质感的优秀典范，这里的质感，也就是用斜撑制作在混凝土上留下的木纹。

二、高层建筑外部尺度设计的原则

（一）建筑与城市环境在尺度上的统一

注意高层建筑布置对城市轮廓线的影响，因为在城市轮廓线的组织中，起最大作用的是建筑物，特别是高层建筑，因而它的布置应遵行有机统一的原则进行布置：①高层建筑聚集在一起布置，可以形成城市的"冠"，但为避免其相互干扰，可以采用一系列不同的高度，或虽采用相同高度，但彼此间距适当，组成有关的构图。也可以单栋高层建筑布置在道路转弯处，以丰富行人的视觉观赏。②若高层建筑彼此间毫无关系，随处随地而起不到向心的凝聚感，则不会产生令人满意的和谐整体。③高层建筑的顶部不应雷同或减少雷同，因为这会极大地影响轮廓线的优美感。

（二）同一高层建筑形象中，尺度要有序

在进行高层建筑设计时，应充分考虑建筑的城市尺度、整体尺度、街道尺度、近人尺度、细部尺度这一尺度的序列，在某一尺度设计中要遵守尺度的统一性，不能把几种尺度混淆使用，才能保证高层建筑物与城市之间、整体与局部之间、局部与局部之间及与人之间保持良好的有机统一。

（三）高层建筑形象在尺度上须有可识别性

高层建筑物上要有一些局部形象尺度，能使人把握其整体大小。除此之外，也可用一些屋檐、台阶、柱子、楼梯等来表示建筑物的体量。任意放大或缩小这些习惯的认知尺度部件就会造成错觉，效果就不好，但有时往往要利用这种错觉来求得特殊的效果。

高层建筑的外部尺度影响因素很多，设计师在设计高层建筑中充分地把握各种尺度，结合人的尺度，满足人的使用、观赏的要求，必定能创造出优美的高层建筑外部造型。

第二节　生态建筑设计原理

生态建筑的设计与施工必须建立在保护环境、节约能源、与自然协调发展的前提下。设计人员应在确定建筑地点后，针对施工地点的实际状况因地制宜地开展设计工作，在保证建筑工程质量以及使用寿命的前提下，满足建筑绿色化、节能化与可持续发展的要求。本节对生态建筑做了简单概述，重点对生态建筑设计原理及设计方法进行了分析，希望对相关工作有所帮助。

生态建筑是一门基于生态学理论的建筑设计，其设计的主要目的是促进自然生态和谐，减少能源消耗，创建舒适环境，加大资源利用率，营造出适合人与自然和谐共处的生存环境。现如今，生态建设作为一种新兴建筑方式备受人们关注，具有绿色低碳的建筑理念及较高水平的节能环保作用。生态建筑设计的普遍应用顺应时代发展的潮流，符合现代化建设的需求，使建筑归于自然，建设和谐的建筑环境。

生态建筑作为一种新兴事物，综合生态学与建筑学概念，充分结合现代化与绿色生态建设理念，是典型的可持续发展建筑。在进行生态建筑设计时，需要充分考虑人与自然及建筑的和谐，基于建筑的具体特征，综合分析周边环境，采用生态措施，利用自然因素，建设适于人类生存和发展的建筑环境，加强生态资源的利用率，降低能源的消耗，改善环境污染问题。生态建筑源于人们日常生活中所聚集的所有意识形态和价值观，更加突出生态建设所具有的较强的社会性。

一、生态建筑设计原理

（一）自然生态和谐

尽人皆知，建筑工程的施工会对自然造成较大的破坏。在工程竣工及日后的实际使用中还会继续加大对环境的污染，从而导致生活环境的恶化。所以，在进行生态建设时，我们需要高度重视建筑设计，严格监控工程施工，把施工中对环境的破坏降到最低，减少对建筑的能源消耗，保护环境。要善于利用自然因素，如通过对阳光的充分利用，可以降低在施工中对照明设备的使用率，灵活地利用建筑中的水池以及喷水系统充当制冷设备。当然，在开展建筑设计的过程中，还要注意预留通风口位置，确保建筑与设备及时的通风，保持建筑设计的室内外空气流通。

（二）降低能源消耗

生态建筑是现代化发展的产物，是人类生活必不可少的生存环境，在生态建筑设计中最关键的部分就是节能。生态建筑设计是指基于各项设施功能正常运行的情况下，最大限度地减少施工过程中的资源浪费现象，提高资源的利用率。在进行生态建筑设计的过程中，要尽可能地减少无用设计，避免因过度包装而产生浪费现象。有效利用自然能源，通过对生物能及太阳能等能源的利用，来降低能源消耗，避免因能源大规模消耗而导致的环境污染。

（三）环境高度舒适

用户的实际居住效果是评判生态建筑是否符合要求的关键。在进行生态建筑设计时，必须充分满足使用者对建筑舒适度的要求，使设计的建筑不只是没有生命的物体，还可以抒发人们的情怀。所以，在实际的生态建筑设计过程中，必须以使用者的舒适与健康为主要原则，设计舒适度高且生态健康的建筑。要想创造舒适度高的环境，前提就是保证建筑物各区间功能的高度完整，可以更加方便使用者的生产生活。除此之外，必须充分确保建筑物内的光线充足，保证建筑的内部温度以及空气的湿度适宜人们居住。

二、生态建筑设计方法

（一）材料合理利用的设计方法

生态建筑具有明显的绿色建筑系统机制，通过对旧建筑材料的回收再利用，最大限度地降低材料浪费现象，减少污染物的排放量，符合绿色生态理念。在建筑拆迁中，所产生的木板、钢铁、绝缘材料等废旧建筑材料经过一系列处理可供新建筑工程再次利用，在符合设计理念及要求的前提下，科学合理地使用再生建筑材料。可再生材料的应用，可以在一定程度上减轻投资负担，节约建筑成本，避免因过度开采造成生态问题，把建筑施工对环境的破坏降到最低，营造绿色的生态环境。

（二）高效零污染的设计方法

高效零污染是一种节能环保的设计方法，针对生态建筑在节能方面的作用，在充分确保建筑基础功能的情况下，最大限度地减少材料的使用，提高资源利用率。善于利用自然因素，通过对自然资源的有效使用，来降低矿物资源的使用率。近年来，由于人们的观念在不断转变，以及新能源在国家的推行，太阳能被广泛应用于建筑之中，人们通过对太阳能的利用实现了降温、加热等目的。还可以通过对物理知识的利用，实现热传递，保持建筑的空气流通，进而加大调控室内环境力度，为使用者提供舒适环境的同时达到节能环保的效果。

（三）室内设计生态化的设计方法

在生态建筑理念的影响下，室内设计必须根据资源及能源的消耗，设计出节能环保且比较实用的生态建筑，防止资源的过度消耗。与此同时，还应该控制装饰材料的使用量，规定适宜且合理的装饰所需成本。与此同时，在室内设计过程中还应该添加绿色设计，可以通过植物的吸收特性，来降低空气中的二氧化碳、甲醛等气体的含量，改善空气质量，打造适宜人们居住的环境。绿色设计的加入，还具有装饰效果，可以应用到阳台及庭院的设计中。

（四）结合地区特征科学布局的设计方法

在生态建筑设计过程中，需要充分考虑当地的地区特点及人文特征。建筑设计以建筑周边环境为基础开展生态建设工作，使自然资源得到充分有效的循环运用。在进行生态建筑设计时，需要在确保不破坏周边环境的情况下，设计出具有地域特色的生态建筑。结合天然与人工因素，改善人们的生活环境，控制甚至避免自然环境破坏现象，营造人与自然和谐共处的生态环境。

（五）灵活多变的设计方法

灵活多变的设计方法是生态建筑设计的重要方法，可以选择出更适合的建筑材料。在进行生态建筑设计过程中，如何挑选建筑材料是建筑合理性的重要条件。设计师在进行生态建筑设计时，需要熟知所有建筑材料的使用情况，除此之外，还需对四周环境进行了解，以此为依据选择出最合适的建筑材料，来保证建筑的节能环保效果。加大废旧建筑材料的循环利用，解决耗能问题。为实现生态建设的可持续发展，在选择和利用建筑材料方面有了越来越高标准，建筑材料的选择与生态建筑设计的各个方面息息相关。如为减少太阳辐射，设计师可以加入窗帘以及水幕等构件，把建筑内部温度控制在合理范围内，维持空气湿度的平衡，确保所设计的建筑适宜居住，大大降低风扇的使用率，达到节能的效果。

总之，通过对生态建筑设计原理与设计方法的了解，得出了只有以自然生态和谐、降低能源消耗、环境高度舒适为依据，采取合理利用材料、高效零污染、生态化室内设计、使用清洁能源、灵活多变的设计方法，才能创造出科学的生态建筑设计。生态建筑设计作为一种新兴事物，顺应新时代发展的潮流，符合生态文明建设的要求，对促进人与自然和谐共处具有积极的促进作用。生态建筑所具有的绿色特性，使更多人开始关注绿色技术。生态建设设计要求以人为本，致力于打造符合各类人群需求的居住环境，从国情出发，本着可持续性原则，加强人们的生态环保意识，设计出具有生态效益的建筑。

第三节　建筑结构的力学原理

随着建筑业的发展人们的生活水平也随之水涨船高，从古时的木屋到如今的高楼林立，人们在不断地享受着建筑行业带来的伟岸成果。建筑行业的发展不管方向如何都离不开一个宗旨，那就是以安全为第一要务。而建筑的结构形式必须满足对应的力学原理，才能保证建筑物的稳固与安全。

建筑行业的发展带动了各大产业链的发展，形成了一个经济圈。可以说建筑行业支撑着我国的经济发展。随着时代的发展，人们对建筑的要求更增加了审美观念、环保理念，不管是美轮美奂的园林式建筑还是朴实无华的民用建筑都离不开力学原理的支撑。安全第一是建筑行业自始至终所坚持的第一要务，这就给建筑工程师和结构工程师提出了技术要求。

一、建筑结构形式的发展过程

我国的建筑结构形式可追溯到五十万年的前旧石器时代，其是建筑业的雏形即构木为巢的草创阶段。随着时间的推移人类文明不断进步，建筑业也在不断发展创新，由木结构建筑发展到了以砖石结构为主的新阶段，我国的万里长城就是该阶段最为主要的代表，它以砖、石为主要材料，经千年而不毁，其坚固程度可想而知，被誉为世界八大奇迹之一。随着西方文化的传入及我国传统文化、建筑业的发展，迎来了梁、板结构的发展与成熟期，尤其是到了明清时期各类建筑物如雨后春笋般破土而出，各式的园林、佛塔、坛庙以及宫殿、帝陵纷纷采用了梁、板的结构形式。建筑行业随着人类文明的发展在不断地进行着质的变化，更加推动了人类经济的发展历程。

二、建筑结构形式的分类

（一）根据材料进行分类

在进行工程建筑时根据所用的材料不同可将建筑结构分为五类：以木材为主的结构形式，即在建筑过程中使用的基本都是木质材料。由于木材本身较轻，容易运输、拆装，还能反复使用，所以使用范围广，如在房屋、桥梁、塔架等中都有使用。近年来由于胶合木的出现，再次扩大了木质结构的使用范围，我国许多休闲地产、园林建筑中大多都以木质结构为主。混合结构，在进行建筑工程材料配置过程中，承重部分以砖石为主，楼板、屋顶以钢筋混凝土为主，而这种结构大多在农村自家住房建筑中多见。以钢筋混凝土为主的结构形式，该种结构形式的承重力比较强，多用于高层建筑。以钢与混凝土为主的结构形式，这种结构形式的承重能力是此四种形式当中承重能力最强的，适用于超高层的建筑工程当中。

（二）根据墙体结构进行分类

按照墙体的不同可将建筑结构形式分为四类：主要使用于高楼层、超高楼层建筑中的全剪力墙结构和框——结构；用于高楼层建筑中的框架——剪力墙结构；使用于超高楼层建筑中的简体结构和框——支结构；主要使用于大空间建筑和大柱网建筑的无梁楼盖结构。

三、建筑结构形式中所运用的力学原理

从建筑业的发展史来看，不管建筑行业的结构形式、设计重心如何变化，不管是以

美观为建筑方向，还是以朴实安全为方向，都有一个共同的特点是不变的，那就是保证建筑工程的安全性，以给人们舒适的生活环境的同时保证人们的生命财产安全为目的。在进行建筑设计时，安全性与力学原理是密不可分的，结构中的支撑体承受着荷载，而外荷载则会产生支座反力，对建筑结构中的每一个墙面都会产生一定的剪力、压轴力、弯矩、扭曲力。在实际的施工过程中危险性最强的是弯矩力，当弯矩力作用在墙体上时，所施力量分布并不均匀，会使一部分建筑材料降低功能性，从而影响整个建筑的安全性，严重者会直接导致建筑物坍塌。因此，在建筑工程进行规划设计和施工过程当中，都要将力学原理运用到位，精细、准确地计算出每面墙体所要承受的作用力，在进行材料选择时，一定要以力学规定为依据，保证所用材料的质量绝对过关，达到建筑工程的最终目的。

四、从建筑实例分析力学原理的使用

（一）使用堆砌结构的实例

堆砌结构是最古老也是最常见的一种建筑结构形式，其使用和发展历程对人类的历史文明贡献了不可替代的作用。其中最为著名、最令人惊叹的就是公元前 2690 年左右古埃及国王为了彰显其神的地位所建造的胡夫金字塔。金字塔高达 146.5m，底座长约 230m，斜度为 52°，塔底面积为 52900m²，该金字塔的塔身使用了近 230 万块石头堆砌而成，每块石头的平均重量都在 2.5t 左右，最大的石头重约 160t。后来经过专业人士证实，金字塔在建造的过程中没有使用任何附着物，由石头一一堆叠而成，在建筑结构中是最典型的堆砌结构形式，所使用的力学原理就是压应力，使其经过了四千多年的风雨历程依然屹立不倒。这种只使用压应力原理的建筑结构形式非常的简单，是建筑结构发展的基础，但是因为不能将建筑空间充分地利用起来，不能满足社会发展的需求，在进行建筑过程中逐渐引进了更多新的力学原理。

（二）梁板柱结构的使用案例

梁板柱结构使用的主要材料就是木制材料，随着时代的发展，在很多的建筑工程中需要使用弯矩，而石材本身承受拉力的强度过低，无法完成建筑任务。由于木制材料其韧性比较强，可以承受一定程度的拉力和压力从而被大面积使用。我国的大部分宫殿、园林建筑都采用的梁板柱结构形式，如建于公元 1420 年的故宫，是我国乃至世界保存最完整、规模最宏大的古皇宫建筑群，其建筑结构就是采用的梁板柱形式。从门窗到雕梁画栋皆是以木制材料为主，将我国传统的建筑结构形式使用得淋漓尽致。该建筑采用的力学原理是简支梁的受弯方式，在我国的建筑业中发挥了极为重要的作用。但是由于木材本身不耐高温极易引发火灾，又容易被风化侵蚀，极大地缩短了建筑物的使用寿命和安全性。

（三）桁架和网架的使用案例

该结构的形成是随着钢筋水泥混凝土的出现而得到发展的。从力学原理来分析，桁架和网架的结构形式可以减少建筑结构部分材料的弯矩，对于整体弯矩还没有作用力，在建筑业被称为改良版的梁板柱结构，所承受的弯矩和剪力并没有因为结构形式的变化而产生变化，整体的弯矩更是随着建筑物跨度的加大而快速加大，截面受力依旧不均匀，内部构件只承受轴力，而单独构件承载的是均匀的拉压应力。此改变让桁架和网架结构比梁板柱结构更能适应跨度的需求。北京鸟巢就是运用了桁架和网架的力学原理而建造成功的。

（四）拱壳结构、索膜结构的使用案例

随着社会生产力的不断提高，人们对建筑性质、质量有了更多的需求，随之而来的是建筑难度的不断增加，需要融入更多的力学原理才能满足现代社会对建筑的需求。拱壳结构满足了社会发展对建筑业大跨度空间结构的需求。拱壳结构所运用的是水平支座反力的力学原理，通过对截面产生负弯矩从而抵消荷载产生的正弯矩，能够覆盖更大面积的空间，如1983年日本建成的提篮式拱桥就是运用拱结构的力学原理，造型非常美丽。但由于荷载具有变异性，制约了更大的跨度。而索膜结构的力学原理更为合理，可将弯矩自动转化成轴向接力，使其成为大跨度建筑的首选结构形式。如美国建成的金门悬索桥、日本建成的平户悬索桥都是运用了索膜结构的力学原理。

建筑结构形式的发展告诉我们不管使用什么样的建筑形式都需要受到力学原理的支撑，最终目标都是保证建筑的安全性。在新时代背景下发展的建筑结构形式同样离不开力学原理的运用，力学原理是一切建筑的理论与基础，只有将力学原理科学合理地使用，才能保证建筑工程的安全性。

第四节　建筑设计的物理原理

本节较为详细地阐述了光学、声学、热学等物理原理知识在建筑中的实际应用。通过分析一些物理现象，如利用光在建筑材料上反射后的特性，使室内外的光学环境达到满足人类舒适度的要求；建筑上的声学则要求房间的设计形状要合理并且要选用合适的材料，这样才能较好的保证绝佳的隔音效果，使建筑的性能达到最佳；而对建筑物内的

温度来说，墙面、地面或者桌椅板凳等人类经常接触的地方，则应该挑选符合皮肤或者四季温度变化的建筑材料，这样才不至于在外界环境变冷变热时让人感到不适；另外，在建筑物遭受雷击的威胁时我们可以利用静电场的物理原理（俗称避雷针）来防止建筑物遭受雷击。

物理学是一门基础的自然学科，即物理学是研究自然界的物质结构、物体间的相互作用和运动一般规律的自然科学。尤其是在日常生活中，物理学原理也是随处可见，如若无法正确地理解这些物理学知识，就无法巧妙地运用这些物理学知识，也不可能自如地运用于建筑上来。其实，在建筑设计中，许多看似复杂的问题都能运用物理原理来解释。建筑学是一门结合土木建设和人文的学科。本节主要针对物理原理在建筑设计中的应用进行分析，为以后建筑设计工作提供一定的参考。建筑物理，顾名思义是建筑学的组成部分。其任务在于提高建筑的质量，为我们创造适宜的生活和工作学习环境。该学科形成于20世纪30年代，其分支学科包括：①建筑声学，主要研究建筑声学的基本知识、噪声、吸声材料与建筑隔声、室内音质设计等内容；②建筑光学，主要研究建筑光学的基本知识、天然采光、建筑照面等问题；③建筑热工学，研究气候与热环境、日照、建筑防热、建筑保温等知识。

一、物理光学在建筑中的应用

据调查，随着社会对创新型人才的大力需求，我国也紧随世界潮流将培养学生具有创新精神的科研能力作为教育改革方案的重点。而物理学原理的应用正需要这种创新精神才能更好地运用于建筑学中，这也提醒了我们在当代教育培养创新人才的必要性。其实在生活中利用太阳能进行采暖就属于物理学原理在建筑中比较成功的设计。这种设计也有效促进了资源节约型社会的建设，符合社会发展的理念。太阳能资源是一种可持续利用的清洁能源，因其使用成本很低、安全性能高、环保等优点广泛被采用。在现代建筑的能源消耗中占有很大的比例，基本上已经覆盖了大部分地区。这是物理原理在建筑中应用的经典案例，很值得我们借鉴经验。

二、物理声学在建筑中的应用

现代生活中我们无时无刻都要面对建筑，各种商场、办公楼、茶餐厅等等，这些建筑的构思与完善很多都运用了物理学原理，当然还有其他的技术支持。越高规格的建筑对相关物理现象的要求越苛刻、越精细。比如各个国家著名的体育馆或者歌剧院等，这些地方对建筑声学的要求极为严格，因为这直接影响观众的视觉体验与听觉感受。这些建筑内所采用的建筑装饰材料都对整体的声学效果有很大影响。再比如我们最常见的隔音装置，如果一栋建筑内的隔音效果特别差，相信也不会得到人们的青睐吧。比如，生活中高楼上随处可见的避雷针，是用来保护建筑物、高大树木等避免雷击的装置。在被保护物顶端安装一根接闪器，用符合规格导线与埋在地下的泄流地网连接起来。当出现雷电天气时避雷针就会利用自己的特性把来自云层的电流引到大地上，从而使被保护物体免遭雷击。不得不说避雷针的发明帮助人类减少了许多灾难的发生。假使没有物理学原理做铺垫，建筑物即时设计工作做得再好也只是徒劳，两者结合起来才会相得益彰，共同为人类进步发展做贡献。这应该是物理原理在建筑中应用的成功的案例，也是今后人类应奋斗的动力或者榜样。

三、物理热学在建筑中的应用

实践证明自然光和人工光在建筑中如果得到合理的利用，可以满足人们工作、生活、审美和保护视力等的要求。热工学在建筑方面的应用主要考虑的是建筑物在气候变化和内部环境因素的影响下的温度变化。建筑热学的合理利用能够，有效地防护或利用室内外环境的热湿作用，合理解决建筑和城市设计中的防热、防潮、保温、节能、生态等问题，创造可持续发展的人居环境。像一个诺贝尔奖的得主所说的："与其说是因为我发表的工作里包含了一个自然现象的发现，倒不如说是因为那里包含了一个关于自然现象的科学思想方法基础。"物理学被人们公认为一门重要的科学，其在前人及当代学者不断地研究中快速的发展、壮大，并且形成了一套有思想的体系。正因为如此，使得物理学当之无愧地成了人类智能的象征，也成了创新的基础。许多事实也表明，物理思想与原理不仅对物理学自身意义重大，而且对整个自然科学，乃至社会科学的发展都有着无可估量的贡献。建筑学就是个很好的应用。有学者统计过，自20世纪中叶以来，在诺贝尔奖得奖者中，有一半以上的学者有物理学基础或者学习背景，这也间接说明了物理学对于我们的生活还有研究都有很大的帮助。这可能就是物理学原理的潜在力量。而建筑学如果离开了物理学那么在世界上也将不会有那么多的优秀作品出现了。我国著名的建筑学家梁思成可以建造出那么多不朽的建筑和他自身的物理学基础密不可分。

综上所述，建筑中的物理学原理主要体现在声学、光学以及热工学等方面。合理的热工学设计能使建筑内部更具有舒适感，使建筑本身的价值最大化。至于在光学方面，足够的自然光照射是必需的条件，也就是俗称的采光问题，同时建筑内各种灯光的合理设置也是必需的。两者互补才能在各种情况下都能保证建筑内充足的光源。还有就是声学方面，这是一个十分重要的因素。许多公共场所对光学和声学的要求很高，所以建筑物理学的应用还是很普遍的，生活中随处可见。建筑物理学也特别重视从建筑观点研究物理特性和建筑艺术感的统一。物理原理在建筑中的应用是人类发展史上具有重要意义的发现，其以后的发展一定会更好。

第五节　建筑中地下室防水设计的原理

本节阐述了民用建筑中地下室漏水的主要原因，介绍了民用建筑中地下室防水设计的原理，对民用建筑中地下室防水设计的方法进行了深入探讨，以供参考。

随着地下空间的开发，地下建筑的规模不断扩大，地下建筑的功能逐渐增多，同时对地下室的防水要求也随之提高。在地下工程实践中，经常会遇到各种防水情况和问题需要解决。

一、民用建筑中地下室漏水的原因

（一）水的渗透作用

一方面，由于民用建筑中的地下室多在地面之下，这无疑会使得土壤中的水分以及地下水在一些压力和重力的作用下，逐渐在地下室的建筑外表面聚集，并逐渐开始向地下室的建筑表面浸润，当这些水的压力使其穿透地下室建筑结构中的裂缝时，水就开始向地下室渗透，导致地下室出现漏水的现象。另一方面，由于下雨或者地势低洼等因素所造成的地表水在民用建筑地下室的外墙附近，随着时间的推移，在压力和分子扩散运动的作用下，也会使得其向地下室的外渗透，久而久之造成地下室漏水。

（二）地下室构筑材料产生裂缝

地下室外四周的围护建筑，绝大多数是钢筋混凝土结构。钢筋混凝土的承压原理来自其自身产生的细小裂缝，通过这些微小的形变来抵消作用在钢筋混凝土表面的作用力。这种微小的裂缝虽然并不起眼，但是对于深埋地下的地下室围护建筑而言，是无法防止地下水无处不在的渗透的。此外，由于受到物体热胀冷缩原理的影响，地下室围护建筑中的钢筋混凝土在收缩时会产生收缩裂缝，这是无法避免的。这些裂缝就会变成无孔不入的水进入地下室的通道，造成地下室渗透漏水。

（三）地下室的结构受到外力发生形变

在地质运动等外力的影响和作用下，地下室的结构会发生形变，其结构遭到破坏，失去防水作用，造成漏水现象。

二、民用建筑中地下室防水设计的原理

通过对造成民用建筑地下室出现渗水、漏水的因素进行分析以后，可知水的渗透和地下室结构由于各种复杂因素产生的裂缝是其漏水的主要原因，因此在对地下室进行防水设计时，就要消除或减小这些因素的影响。由于地下室所处的空间位置和地球重力因素的影响，地下室围护建筑表面水分聚集是很难改变的，因此我们需要将对民用建筑地下室防水的重点放在对其附近的水分进行疏导排解以及减少其结构形变和产生的裂缝上。因此，在民用建筑中地下室防水设计就是对地下室建筑表面的水分进行围堵和疏导。所谓地下室防水设计中的"围堵"，首先是在地下室建造的过程中，要对其所设计的建筑进行不同层级的分类，并根据《地下工程防水技术规范》（GB50108—2008）中对民用建筑地下室防水的要求，明确地下室的防水等级，然后再确定其防水构造。因此，其防水设计的原理主要是对地下室主体结构的顶板、地板以及围护外墙采取全包的外防水手段。而对地下室防水设计中的"疏导"而言，其主要原理就是通过构筑有效的排水设施，将聚积在地下室建筑外围表面的水进行有效疏导，给出其渗透出路，降低其渗透压力，进而减轻其对地下室主体建筑的渗透和破坏，并通过设备将这些水分抽离地下，使其远离地下室的围护建筑。

三、民用建筑中地下室防水设计的方法

（一）合理选用防水材料

就民用建筑而言，最常用的防水材料主要有防水卷材、防水涂料、刚性防水材料和密封胶粘材料等四种类型。防水卷材又包括了改性沥青防水卷材和合成高分子卷材两种。一般来说，防水卷材借助胶结材料直接在基层上进行粘贴，其延伸性极好，能够有效预防温度、振动和不均匀沉降等造成的变形现象，整体性极好，同时工厂化生产可以保证厚度均匀、质量稳定。防水涂料则主要分为有机和无机防水涂料两种。防水涂料具备较强的可塑性和黏结力，将其在基层上直接进行涂刷，能够形成一层满铺的不透水薄膜，其具备极强的防渗透能力和抗腐蚀能力，且在防水层的整体性、连续性方面都比较好。刚性防水层是指以水泥、砂石为原材料，掺入少量外加剂，控制或调整孔隙率，改变空隙特征，形成具有一定抗渗能力的水泥砂浆混凝土类防水材料。

（二）对民用建筑地下室进行分区防水

在民用地下室防水设计的实际工作中，可以采取分区防水的方法进行防水。这种方式主要是根据地下室的形状和结构将地下室进行分区隔离，使其形成独立的防水单元，

减少水在渗透某一区域后对其他区域的扩散和破坏。比如对于一些超大规格的民用建筑的地下室，可以采取分区隔离的防水策略，以减少地下室漏水造成的破坏。

（三）采用使用补偿收缩混凝土以减少裂缝的产生

在民用建筑地下室的防水设计中，可以采取使用补偿收缩混凝土的方式来减少混凝土因热胀冷缩所产生的裂缝，从而有效进行防水。补偿收缩混凝土则会用到膨胀水泥来对其配制，比如使用水工用的低热微膨胀水泥、常用的明矾石膨胀水泥以及石膏矾土膨胀水泥等。在民用建筑地下室的实际设计中可以采用 UEA-H 这种高效低碱明矾石混凝土膨胀剂，它可以有效提高民用建筑地下室的抗压强度，且对钢筋没有腐蚀，可以有效减少混凝土产生的裂缝，实现地下室的有效防水。

（四）加强地下室周围的排水工作

在民用建筑地下室的防水设计中，要结合地下室的实际构造和周围的环境，加强对地下室周围的排水工作，将地下室周围的渗水导入预先设置的管沟，并随之导向地面的排水沟将其排出，从而减少渗水对地下室的结构的压力和破坏，实现地下室的有效防水。

（五）细部防水处理

在民用建筑地下室的防水设计中，其周遭的防护都是采用混凝土进行施工的。因此在对混凝土施工过程中，要做好其细部防水的工作。比如在穿墙管道时，对于单管穿墙要对其加焊止水环，而如果是群管穿墙，则必须要在墙体内预埋钢板。比如在混凝土中预埋铁件要在端部加焊止水钢板；比如按规范规定留足钢筋保护层，不得有负误差，防止水沿接触物渗入防水混凝土中。

综上所述，在民用建筑实际的施工过程中，地下室的规模不断扩大，其所占用的建筑面积和所需要的空间也不断加大，其深度也不断加深，这在无形之中加大了地下室建筑施工的技术难度，同时也增加了地下室漏水的风险。防水工程是个系统工程，从场地的选址、建筑规划开始就应有相关防水概念贯穿其中，要避开不利区域，为建筑防水控制好全局；设计师应在具体设计时合理选用防水措施，控制好细节构造，将可能的渗漏隐患降到最低；施工阶段则要严格按照施工工序，保质保量完成施工任务。只有多方面管控协助，才能做出完美的防水工程。

第六节　建筑设计中自然通风的原理

在设计住宅建筑的过程中，设计人员既要考虑住宅建筑的设计质量和设计效果，也应充分地考虑住宅建筑的设计是否具有舒适性。设计人员要以居民为主，设计出较为合理的住宅建筑，这样才能为人们提供优质的居住空间。自然通风对人们的生活颇为重要，保证住宅内的自然通风，可以有效地改善室内的空气质量，让人们的居住环境更加温馨，同时还能实现住宅内自然通风也可以节省能源，并对环境起到一定的保护作用。因此，本节将对住宅建筑设计中自然通风的应用进行深入的研究。

人们生活水平的不断提高，使人们对建筑物室内舒适度的要求也越来越严格。建筑物的自然通风效果的好坏会直接影响人的舒适度。因此，对建筑物自然通风的设计尤为重要。深入对建筑物自然通风设计的思考，剖析建筑物自然通风的原理，使传统风能相关原理及技术与建筑物的设计相结合，达到建筑物自然通风的最佳化。

一、自然通风的功能

（一）热舒适通风

热舒适通风主要是通过空气的流通加快人体表面的蒸发作用，加快体表的热散失，从而对建筑物内的人类起到降温减湿作用。这种功能与我们夏天吹电风扇的功能类似，但是由于电风扇的风力过大，且风向集中，对于人体来说非常不健康。通过自然通风的方式可以通过空气的流通较为舒缓地加快人体的体表蒸发，尤其是在潮湿的夏季，热舒适通风不仅可以降低人体的温度，还可以解决体表潮湿的不舒适感。

（二）健康通风

健康通风主要是给建筑物之内的人类提供健康新鲜的空气。由于建筑物内属于一个相对密封的环境，再加上有各种人类活动，导致其中的空气质量较差。或者一些新建的建筑物，所使用的建筑材料当中本来就含有较多的有害物质，如果长时间不进行空气流通，就会对其内的人类的健康造成威胁。自然通风所具有的健康通风功能，可以有效地将室内的浑浊空气定期置换到室外，从而保证室内的空气质量，保护建筑物之内的人类健康。

（三）降温通风

所谓降温通风，就是通过空气流通将建筑物内的高温度空气与室外的低温度空气进行热量的交换。一般来说，在建筑采用降温通风的时候，结合当地的气候条件以及建筑本身的结构特点进行综合考虑。对于商业类的建筑，要过渡季节要充分进行降温通风，而对于住宅类的建筑，在白天应该尽量避免外界的高温空气进入建筑物，而到了晚上可以使用降温通风来降低室内温度，从而减少空调等其他降温设备的能耗。

其特点主要体现在以下几个方面：①室外的风力会对室内的风力造成影响，当两种风力结合在一起后就会促进室内空气的流通，这样就可以有效地减少室内污染空气的排放，降低室内的稳定，达到自然通风的效果。②要想有效地实现自然通风，还应考虑热压风压对自然通风造成的影响，借助外力解决影响自然通风的因素。

二、建筑设计中对自然通风的应用

（一）由热压造成的自然通风

风压和热压是促进自然通风的力量，通常而言，当室内与室外的气压形成差异的时候，气流就会随着这种差异进行流动，从而实现自然通风，促进室内空气的流通，使居住者感到居住适宜，通风清爽。自然通风相对于电器的通风更加健康、更加经济、更加舒适。有时候通风口的设置对于促进通风也具有重要的作用，有助于加强自然通风的实施效果。影响热压通风的因素有很多种：窗孔位置、两窗孔的高差和室内空气密度差都是重要的因素。在建筑设计实施的过程中，使用的方法有很多，如建筑物内部贯穿多层的竖向井洞就是一种重要的方法，其能通过合理有效的通风方法实现空气的流通。实现建筑隔层空气的流通将热空气通过流通排出室外，达到自然通风，促进空气的交换。和较风压式自然通风对比而言，热压式自然通风对于外部环境的适应性也是很高的。

（二）由风压造成的自然通风

这里所说的风压，是指空气流在受到外物阻挡的情况下所产生的静压。当风面对建筑物正面吹袭时，建筑物的表面会进行阻挡，这股风处在迎风面上，静压自然增高，并且有了正压区的产生，这时气流再向上进行偏转，并且会绕过建筑物的侧面以及正面，并在侧面和正面上产生一股局部涡流，这时静压会降低，负压差会形成，而风压就是对建筑背风面以及迎风面压力差的利用，压力差产生作用，室内外空气在它的作用下，压力高的一侧向压力低的一侧进行流动，并且这个压力差与建筑与风的夹角、建筑形式、四周建筑布局等几个因素关系密切。

（三）风压与热压共同作用实现自然通风

自然通风也有一种通过风压和热压共同作用来实现自然通风，建筑物受到风、热压同时作用时，建筑物会在压力的作用下受风力的各种作用，风压通风与热压通风相互交织，相互促进，实现通风。一般来说，在建筑物比较隐蔽的地方，对于通风的实现也是必要的，这种风向的流向是在风压和热压的相互作用下进行的。

（四）机械辅助式自然通风

现代化的建筑楼层越来越高，面积越来越大，实现通风的必要性更大，同时必然面对的一个问题是这也使得通风路径更长，这样空气就会受到建筑物的阻碍，因此，不得不面对的现实是简单地依靠自然风压及热风无法实现优质的通风效果。但是，对于自然通风需要注意的一个问题是，由于社会发展造成的自然环境恶化，对于城市环境比较恶劣的地区，自然通风会把恶劣的空气带入室内，造成室内空气的污染，危害到居住者的身体健康，这时就需要辅助的自然通风，这有利于室内空气的净化，不仅实现室内的通风，也不将影响身体健康的恶劣空气带入室内。

总之，自然通风在建筑中不仅仅改善了室内的空气问题，同时还调节了室外的环境问题。这种自然通风受到很多人的关注，相信随着技术的发展，自然通风技术一定会在建筑设计中取得理想的成绩。

第四章　建筑结构概念设计

第一节　建筑结构设计的基本概念

进入 21 世纪以来，随着国家经济发展的加快和人们对生活品质需要的提高，人们对各类建筑设计提出了更高要求。本节主要在分析建筑结构设计的基本概念基础上，对建筑结构设计的要点进行探索，以提高建筑结构设计的科学水平，满足新时代建筑建设的新需要。

建筑结构设计是影响建筑工程项目最终使用性能的重要因素，不仅对建筑功能的实现十分重要，也和建筑的安全性、耐久性息息相关。现在人们对建筑物的需求和过去有了很大的不同，不光重视建筑的使用是否安全、舒适和经济，还对环境保护、生态、材料等方面提出新的要求。在这种背景下，对建筑结构设计的概念和要点进行研究，主要是为了让建筑结构设计更为合理，还要尽力保证建筑项目整体结构和使用效能上的。

一、建筑结构设计基本概念分析

在建筑结构设计中，安全是放在首位的最重要的基本功能，其次是建筑要具有良好的使用功能，最后是要具有一定时间内的长久使用寿命。在实现这些基本功能后，还要注重降低建筑的施工成本，使用绿色环保的生态材料，保证环境不受破坏和实现使用者对建筑的其他方面的需求。所以在进行建筑结构设计时，应该从满足基本功能入手，采用多种方法综合保证整体功能的实现。随着全国各地建设行业的快速发展，建筑结构设计时间往往非常紧凑，故设计师很难全面考虑清楚各专业的协调及繁琐复杂细节。结构概念设计作为结构设计的前提基础，良好的结构概念设计使结构更安全、更经济、更适用的保证。运用结构概念设计的手段，确定合适的基础类型、结构类型、结构体系、墙柱梁板布局、层高以及建筑平面优化等，既可从宏观上确保建筑方案在结构上是可行的、合理的，当然概念上不必拘泥于细部大样或构造细节。

建筑建构设计的概念实现通常从四个方面进行：

一是要在设计中尽可能地应用多道抗震防线概念。地震发生时有一定的持续时间，而且可能多次作用，根据地震后倒塌的建筑物的研究，地震的反复作用使结构遭到严重破坏，而最后倒塌则是结构因破坏而丧失了承受竖向荷载的能力。多道抗震防线作为抗震设计的最基本概念应该贯穿在整个结构设计计算的过程中，在设计中应该尽可能地设置多道抗震防线，利用赘余杆件的屈服和弹塑性变形把尽可能多的地震能量消耗掉。例如框架抗震墙结构，设计时不但要考虑小震和中震情况下结构基本完好，还要考虑在大震情况下连梁先遭受破坏而丧失作用，按单片墙肢计算，结构仍有足够强度刚度而不倒；还要求控制任一层框架部分承担的剪力值不应小于结构底部总地震剪力的20%。

二是要在设计中体现构件主次和大小概念。对建筑安全性能的实现，不仅是从每个构件上予以保证，还需要认清不同构造元件对整个建筑的作用，从不同结构的特点和承受外力的优势出发，采用抓大放小、抓主为先的原则，首先保证整个建筑中担负着核心作用的构件和部位的安全性能。比如大部分建筑中都有主柱和辅梁、强剪和弱弯等设计理念，这些方法都是保证建筑在受到灾害时，核心部件能保证不受到主要伤害，其他构建也能根据所处的位置发挥有效作用，以此来共同保证建筑受到灾害的伤害程度最低。

三是要在设计中能体现出整体结构和谐平衡的概念。在建筑结构在进行一体化设计中，结构的一体化协调程度是建筑安全性能的重要指标。一个整体和谐、结构平衡的建筑必然可以在突发灾害时让外力作用实现有效传导和化解。在对建筑进行整体结构平衡设计中，重点要考虑对不同结构结合部位节点的设计，这些节点因为发挥的是联系不同结构的作用，所以承受的外力往往不均匀，很容易因为受力集中造成断裂等损伤，从而影响建筑的整体受力情况。所以在对节点的设计中，要综合考虑各种节点的受力大小，不出现受力过于集中在某些节点的情况，让节点作为建筑的"关节"，具有良好的刚度，以保证建筑整体的稳定和平衡。

四是要在满足安全性能的同时体现绿色环保建筑概念。现在人们在安全使用的基础上，对建筑是否满足绿色环保的需求更为迫切。人们都意识到房屋等建筑的目的并不是为了破坏环境来获得更好的舒适度，而是要在保护地球环境的同时找到舒适居住的良好环境。所以在建筑设计中，要本着服务人类、保护环境的理念，选择符合环保要求的建筑材料，不使用破坏自然环境的施工方案。

二、建筑结构的设计要点

建筑结构设计简而言之就是用结构语言表达建筑主体，即用墙、梁、板、柱、基础、楼梯、大梁等元素组合成建筑结构体系。不同的建筑结构设计应根据实际情况选择相应的基础类型结构类型和计算模型等。结构设计力求结构形式简洁，传力路径清晰明确，一般不设计成静定结构，以超静定结构为主。

在结构设计过程中，应注意如下几点：

一是地基和基础设计要点。地基与基础设计是结构设计最关键的部分，必须注重如下几点：①传递到地基上的上部结构荷载效应（包括轴力、弯矩、剪力等）一定要小于地基容许承载力或地基承载力特征值，具有合理的地基承载力安全储备，避免建筑物地基承载力不足造成倾斜等问题；②基础沉降值必须小于地基变形容许值，保证建筑物不因地基变形而损坏或影响其正常使用；③基础应有足够的强度刚度，满足受弯受剪冲切剪切要求。这要求同一结构单体的基础不宜设置在性质截然不同的地基上；同一结构单体不宜同时采用不同基础类型，当采用不同基础类型或基础埋深显著不同时，应对地基基础的沉降进行验算，在基础、上部结构的相关部位采取相应减少沉降措施；地基土层为淤泥、软弱黏性土、液化土、新近填土或土层厚度严重不均匀时，应根据地基不均匀沉降和其他不利影响，采取相应的措施。基础的形状中心要和上部建筑的重心吻合。对于高层建筑设计，为了确保基础整体的强度刚度，可以采用桩箱、桩筏等基础类型。

二是建筑结构的竖向结构设计要点。建筑的竖向体型宜规则、均匀，不宜有过大的外挑和收进。剪力墙结构的墙体应双向或多向布置，形成对承受竖向荷载有利、抗侧力刚度大的平面和竖向布局；在抗震结构中、应避免仅单向有墙的结构布置形式；剪力墙上常因开门开窗、穿越管线而需要开有洞口，这时应尽量使洞口上下对齐、布置规则，洞与洞之间、洞到墙边的距离不能太小。框架柱宜避免过多的穿层柱、斜柱、短柱和转换。结构的侧向刚度宜下大上小，逐渐均匀递减，避免刚度变化过大，这就要求结构层高、混凝土强度等级、墙柱截面等不宜变化过大。

三是建筑结构的平面设计要点。结构平面形状宜简单、对称、规则，质量、刚度和承载力分布宜均匀。不宜采用特别不规则的平面布置，平面凹凸尺寸不宜大于相应边长30%等，组合平面不宜采用细腰形或角部重叠形，同一方向板有效宽度不宜小于50%，开洞面积不宜大于整个楼板面积的30%，错层不宜大于梁高。如果平面长度过长，发生地震时容易产生较不利的震害，因为两端地震波传递有位相差而产生不协调的振动；如果有较长的外伸，外伸段容易产生局部振动而引发凹角处应力集中和破坏。如角部重叠和细腰形的平面图形，存在中间收窄处或凹角部位，地震时该部位是不同变形交汇处，应力集中明显，则该处楼板容易开裂、破坏。

四是建筑结构点算要点。设计人员应该对软件（如 PKPM、广厦等软件计算）的计算流程、计算模型及相关假定、设计参数等方面有全面的了解，选择合适的计算模型。

结构电算首先要让整体参数指标满足现行的规范规程，诸如结构整体抗倾覆验算、周期比、位移比、位移角、轴压比、剪重比、刚重比等控制指标优先考虑。例如周期比主要为控制结构在罕遇大震下的扭转效应，当其不满足要求时，反复调整改变结构布置，提高结构的扭转刚度，调整原则是加强结构外围墙、柱或梁的刚度，适当削弱结构中间墙、柱的刚度。当总体参数满足后，详细调整个别墙梁板柱超筋超限，比如墙的稳定性、梁的剪压比等。对最终的电算结果，设计人员仍需根据相关规范规程和实际工程经验试验对计算结果做出合理的审核，不可盲目相信电算结果。

建筑结构设计是有效降低建筑安全隐患，提高建筑使用寿命和使用效能的重要环节。在建筑结构设计中，设计人员要严格遵循结构设计的原则，让设计方案既能够满足建筑师的设计意图，又能有效实现建筑的实际功能，不断提高建筑结构的安全稳定性能，让建筑结构设计体现出应有的价值。

第二节　建筑结构概念设计的理念

越来越多的建筑工程设计师已经意识到建筑结构设计中的概念设计及结构措施的重要性，在现代的建筑工程设计理念中，工程师日益侧重概念设计运用，也逐渐意识到要有坚实的理论基础和丰富的实践经验，才能使建筑设计更好地迎合社会发展需要，获得最佳的经济效益。

一、概念设计的内涵

运用概念设计的初期，建筑设计师依照设计理念，参照过往实践经验，评估建筑设计方案，对比分析概念性，对建筑结构形式在宏观上进行把控，参照对比结果，针对建筑结构设计的布局实施调整且进行必要的抗震设置，以此达到最佳的设计成效。概念设计对建筑结构有很大影响，如资金投入、施工时间、安全问题等。合理运用概念设计促使最终呈现出来的结构设计方案更加具有科学合理性、安全可靠性，更有效地降低后期阶段中发生评估、计算失误等事件的发生率，从而节省时间，同时也提高建筑设计的经济合理性。由此可见，对于建筑结构设计而言，概念设计是其中一项至关重要的数据依据。

二、建筑结构设计中的概念设计特征

首先，建筑结构设计中的概念设计与其他的概念设计不同，一般不会涉及数学的精准运算。在没有明确的理论帮助下，概念设计往往需要整合建筑体系中的所有结构关系和相关的建筑原理，来进行分析设计。概念设计更注重从整体上进行规划，通过细致的分析挖掘建筑建设、使用中的问题，通过设计完善，解决问题。

其次，概念设计与建筑结构设计中的精准理论设计存在着一定的差距。建筑概念设计更加追求经验性的积累和因地制宜的非标准化的设计理念。一般情况下概念设计会参考一些如地震数据、测量试验结果、结构体系中整体与分部间的连接参数等。这些参数是有一定的变化，呈现出动态的特性，概念设计一般不会涉及利用高科技电子计算机或其他运算设备进行精准的数据控制，而是对建筑整体和宏观方向进行设计控制。概念设计虽然在外表体现上存在一定的杂乱之感，但是内在逻辑却是清晰有条理的，能够为建筑结构设计方案提供良好的补充辅助作用。最后，概念设计的真正理念是为了寻找在建设中最为经济、最符合当地施工条件、最能够满足施工需要的建筑设计方案。

三、概念设计与结构措施在建筑结构设计中的应用

（一）加大结构设计的力度

概念设计对建设结构的性能起到了至关重要的作用，且建筑结构设计的首要关键点就在安全可靠性与实用性上，在工程达到这两项功能后，美观性才有实质意义。所以在结构设计时，要将建筑结构的实用性摆在首位，然后再进行美观性方面的设计工作，从材料、结构的科学性特征出发，严格依照工程建设标准规范来进行设计。

（二）利用结构力学形成完整的结构体系

在针对建筑实施结构设计时，要充分运用结构力学，进行合理化计算。构件连接的关键在于组建结构体系，仔细分析并解读其中每一个构件的具体承重情况，再选择具体的结构方式来确保工程中的各项应力得到良好配合。其根本依据在于物理学计算，运用有效的对策来确保工程稳定系数，使整个工程更为稳定。在确保单体构件建设质量的基础上计算整体结构应力，运用各个构件间的作用力，将结构效能的最大应力构建出来，进而更好地确保建筑整体质量和使用寿命。

（三）对钢结构的优化

目前，在建筑行业中通常会用到钢结构，其不仅可以增强构件结构的质量，还可以确保在最大限度上运用空间。另外，钢结构具备高强度的特征，与混凝土结构进行搭配，能够将结构轻的优势发挥出来，还可以显著提升建筑结构的强度。钢和混凝土结构组合

可以很好地预防混凝土结构变形。在实际设计的时候，结合工程建设实际情况与需求来进行科学化设计，从而促进整体工程结构设计更为科学化。

（四）重视建筑结构设计的本质

虽然概念设计对建筑物的优化成效特别是在提升建筑外观美观性方面相对比较明显，但是建筑结构设计的根本在于确保建筑物的安全稳定性。设计人员要重视建筑结构设计的本质，首先确保建筑物的稳定性，不要本末倒置，运用具备稳定性特征的结构措施，且以点到面的方式来加大整个建筑的承载力，确保建筑物的安全稳定。

（五）提高硬性指标要求

建筑工程的质量与基础工作环节密切相关，如提高建筑用地与工程建设标准这部分硬性指标，能够从根本上确保建筑用地的高标准，并为后续建筑工程质量打下坚实基础。目前，人们对现代建筑的结构环境和设计标准逐渐提高，为满足人们的需求，建筑结构设计人员需要不断创新，最大限度地促使结构设计和概念设计结合在一起，促进建筑结构设计行业蓬勃发展。

（六）注意结构刚度与承载力的分布

建筑工程施工项目中的任何一项都会影响整个建筑工程的质量，因此，施工中每一项工程都需要严格监管。建筑自身结构刚度和承载力的分布控制在建筑工程中尤其重要，必须要对其强化监督与审查。为了在最大限度上确保建筑工程的施工质量，建筑结构设计人员必须要做好概念设计工作，确保建筑结构设计与工程建设经济性标准相符，结构刚度与承载力分布的科学合理化。

（七）保证结构材料的选择科学性

结构材料会影响工程建设的质量水平和建筑结构设计的可行性。因此，严格筛选施工所用材料，确保材料达到施工标准与规范，在结构措施实施的过程中至关重要。例如，在选择钢筋材料时，不但要考虑钢筋材料的韧性，还要确保材料与钢筋可焊性相符。众所周知，科学化的选择会影响结构设计工作自身的可行性，可见材料选择工作对建筑技术落到实处的重要性。

经济发展助推科学技术的进步，我国自改革开放以来，社会主义市场经济得到了进一步的深刻变革。对于建筑行业而言，也迎来了一个崭新的发展空间，概念设计和结构措施对于建筑设计而言，有着越来越重要的意义。推广概念设计与结构措施，很大程度上会反映出建筑行业工程师的知识水平和职业素养，如何运用建筑结构设计，充分发挥建筑整体的设计理念，改善建筑中构件与结构措施与设计之间的关系，将成为建筑工程师们近期最重要的研究探讨课题。

第三节　高层建筑结构概念设计

在高层建筑的建设过程中，要充分地考虑其高度优势背后的各种规划和设计问题，因为高层建筑的高度在显现了其较普通建筑更为强大的使用功能外，也对其结构提出了更高的要求。所以，在下文中笔者将从高层建筑的结构特性角度，谈谈设计中要坚持的一些原则，以及由此产生的常见的结构体系。本节笔者将从分析高层建筑概念设计的基本原则入手，介绍一些高层建筑的常见结构体系。

一、高层建筑结构设计的特点

高层建筑的结构设计相对于普通建筑来说，具有更强的技术性和专业性。因为高层建筑的结构体系的选择，不仅关系高层建筑的各种使用功能的实现情况，还关系高层建筑作为一项土建工程所产生的造价和工期问题。在高层建筑的结构选择和设计的过程中，水平力是最主要的因素，因为普通建筑中，受其建筑高度限制，水平力对于建筑的结构影响较小，但是随着建筑高度的增加，水平力在建筑结构中起到的作用也随之增大。在高层建筑的结构选择和设计过程中，要在保证高层建筑足够承载力的基础上，注重刚度的加强，以抵抗侧向力。因为随着建筑层级的增多，每一层建筑都会在水平力作用下产生一定的侧向力，从而发生侧向位移。在高层建筑的结构选择和设计过程中，要注重通过各种措施减轻建筑自重。因为减轻自重不仅可以更好地做到建筑防震，还能够减轻对地基和桩基的压力，通常情况下采用高强度材料可以有效地实现高层建筑的自重的减轻。高层建筑抗风结构地选择和设计过程中，要认真地计算出风荷载作用下的位移值，以有针对性的采用调整结构和装饰构件来实现高层建筑的抗风。具有特殊的抗震要求的高层建筑，应该在建筑前认真的选择地基位置，并详细地勘测该区域的地质情况。在高层建筑地基结构的选择和设计过程中，要保证其承载力和刚度满足建筑上部结构的要求。

二、高层建筑概念设计的基本原则

在高层建筑的设计过程中，设计人员要始终以承载力、刚度、延性为主导目标，通过各种细节设计和维护方式来提高高层建筑的承载力和刚度，并增大其延性。只有这样，才能使建筑能够应对来自客观环境中的风荷载和地震的考验。在进行高层建筑的结构计算和分析的过程中，要尽量选择简单直接的计算方法，以便清晰地展现建筑中各种受力、传力状况，减少非结构性附件对于建筑承载力的干扰。尽量使高层建筑的正交抗侧力重心靠近建筑的整体质量重心，目的在于避免或减小其受到客观环境的不利影响产生扭转效应。要保证高层建筑的竖向抗侧力刚度构件的连续和均匀，以免出现薄弱环节，导致刚度突变。在设计过程中，要重视上部结构与地基之间的相互作用关系。

三、高层建筑的结构体系

所谓结构体系的选择，就是高层建筑的所有构件以一种什么样的方式排列，才能更好地抵御外力的侵袭。通常情况下，抵抗水平力是结构体系的重点考量内容和标准。一般通过调整框架、剪力墙、框架 - 剪力墙、筒体以及它们的组合方式来实现。

（一）框架结构体系

所谓框架结构体系，就是高层建筑中的梁、柱构件通过节点连接后，能够有效地承受荷载。通常情况下，用于高度相对较低的高层建筑中。

框架结构的最显著优点就是平面布置灵活，可以做成有较大空间的会议室、餐厅、车间、营业室、教室等。需要时，可用隔断分隔成小房间，或拆除隔断改成大房间，因而使用灵活。外墙采用非承重构件，可使立面设计灵活多变。

框架结构可通过合理的设计，使之具有良好的抗震性能。但由于高层框架侧向刚度较小，结构顶点位移和层间相对位移较大，使得非结构构件（如填充墙、建筑装饰、管道设备等）在地震时破坏较严重，这是它的主要缺点，也是限制框架高度的原因，一般控制在 10~15 层。

框架结构构件类型少，易于标准化、定型化；可以采用预制构件，也易于采用定型模板做成现浇结构，有时还可以采用现浇柱及预制梁板的半现浇半预制结构。现浇结构的整体性好，抗震性能好，在地震区应优先采用。

（二）剪力墙结构体系

剪力墙结构体系是利用建筑物墙体承受竖向与水平荷载，并作为建筑物的围护及房间分隔构件的结构体系。

剪力墙在抗震结构中也称抗震墙。它在自身平面内的刚度大、强度高、整体性好，在水平荷载作用下侧向变形小，抗震性能较强。在国内外历次大地震中，剪力墙结构体系表现出良好的抗震性能，且震害较轻。在地震区 15 层以上的高层建筑中采用剪力墙是经济的，在非地震区采用剪力墙建造建筑物的高度可达 140m。目前我国 10~30 层的高层住宅大多采用这种结构体系。剪力墙结构采用大模板或滑升模板等先进方法施工时，施工速度很快，可节省大量的砌筑填充墙等工作量。

剪力墙结构的墙间距不能太大，平面布置不灵活，难以满足公共建筑的使用要求；此外，剪力墙结构的自重也比较大。为满足旅馆布置门厅、餐厅、会议室等大面积公共房间，以及在住宅底层布置商店和公共设施的要求，可将剪力墙结构底部一层或几层的部分剪力墙取消，用框架来代替，形成底部大空间剪力墙结构和大底盘、大空间剪力墙结构；标准层则可采用小开间或大开间结构。当把底层做成框架柱时，称为框支剪力墙结构。这种结构体系，由于底层柱的刚度小，上部剪力墙的刚度大，形成上下刚度突变，在地震作用下底层柱会产生很大的内力及塑性变形，致使结构破坏较重。

（三）框架 – 剪力墙结构体系

框架 - 剪力墙结构体系由框架和剪力墙组成。剪力墙作为主要的水平荷载承受的构件，框架和剪力墙协同工作的体系。在框架 - 剪力墙结构中，由于剪力墙刚度大，剪力墙承担大部分水平力（有时可以达到 80%~90%），是抗侧力的主体，整个结构的侧向刚度大大提高。框架则承受竖向荷载，提供较大的使用空间，同时承担少部分水平力。还可以把中间部分的剪力墙形成筒体结构，布置在内部，外部柱子的布置就可以十分灵活；内筒采用滑模施工，外围的框架柱断面小、开间大、跨度大，很符合现在的建筑设计要求。

（四）筒中筒结构体系

筒中筒结构体系由一个或多个筒体为主抵抗水平力。通常筒体结构的基本形式有三种：实腹筒、框筒及桁架筒。筒体结构最主要的特点就是它的空间受力性能。不论哪一种筒体，在水平力作用下都可看成固定于基础上的箱形悬臂构件，它比单片平面结构具有更大的抗侧刚度和承载力，并具有良好的抗扭刚度。

四、抗震概念设计的基本原则

（一）结构体系的选择

结构体系是指结构抵抗外部作用的构件的组成方式。

框架体系，在高度不大的高层建筑中是一种较好的体系，如果有变形性能良好的轻质隔断及外墙材料时，可做到 30 层左右，目前国内以 15 ~ 20 层以下为宜。框架结构由于层间变形较大，在地震区，容易引起非结构构件的破坏。

剪力墙结构体系，当高宽比较大时，是受弯为主的悬臂墙，侧向变形是弯曲性，经过合理的设计，可以成为抗震和承受水平荷载良好的延性结构。

框架 - 剪力墙结构体系，它使框架和剪力墙结合起来，取长补短，共同抵抗水平荷载。

合理布置剪力墙，在不影响使用的前提下，又能满足结构的受力要求。其可以采用单片墙、工字形等等，但应注意尽可能避免 Z 字形剪力墙的布置，使其抗震性能良好。

框筒和筒中筒结构无疑是一种抵抗较大水平力的有效结构体系，由于它需要密柱深梁，当采用钢筋混凝土结构时，可能延性不好。如何保证并改善其抗震性能，是目前需要深入研究的课题。

（二）结构的合理刚度

结构的合理刚度对于抗震性能是十分重要的，结构刚度的设计应满足有效控制建筑结构变形，以及减小地震对建筑结构的不利影响两方面的要求，以确保高层建筑的抗震性能。结构的抗侧力刚度不宜过大，如果过大，基本自振周期就会较短，地震作用就会加大，结构承受的水平力、倾覆弯矩加大，地基基础的负担加大，结构的截面和相应的构造配筋增加较大，不经济。此时，如果在单纯靠加大截面尺寸增加结构刚度，同时配筋构造措施又没跟上，就会造成结构隐患，多花了材料、成本，反而损坏了结构的延性和安全度。

（三）建筑形状的选择

①建筑的平面布置应简单规则。②建筑物竖向布置应均匀和连续。在设计中确保结构的简单性主要是为了使高层建筑结构在地震作用时的传力途径直接有效，并且便于通过计算分析高层建筑抗震结构的薄弱部分，并及时对其进行加强设计，以此来实现对高层建筑结构抗震设计的优化与完善，提高建筑结构整体的抗震能力，提高高层建筑结构的安全性。③刚度中心和质量中心应一致。如果质心和刚心不重合，就会产生扭转效应使远离刚度中心的构件产生较大应力而破坏。④对于复杂体型的处理，通常有两种做法：①设缝，将建筑物划分成规则的单元；②在对建筑物进行细致的抗震分析后，采取加强措施以提高结构的抗变形能力。

五、高层建筑结构设计中抗震概念设计的应用

（一）合理选择建筑场地和地基

通过以往地震危害情况的调查与分析，不难发现建筑结构破坏的程度与地形条件有着很大的联系，一般建筑场地条件不利、地基不良容易影响建筑结构的抗震性能。在高层建筑结构设计过程中，应注意对场地、地基条件的考量，一般情况下，如场地表层覆盖层厚度小、土质硬，则相对的其稳定性更加良好，能够更好地保证地基的稳固，建筑完工后的抗震能力也更好；相反的土层越厚、土质越软，则越容易加剧地震的破坏作用；

因此，在实际的抗震概念设计中要尽可能地选取土质坚硬的场地，如场地选择无法满足条件时，要采取有效的措施，对场地及地基进行改造处理，以达到建筑抗震的需求。

（二）合理进行结构的选型和布置

在高层建筑结构抗震概念设计的过程中，还要注意结构选型与布置的合理性。①在结构选型过程中，要综合考虑多方面的因素，如建筑功能需求、要达到的防震等级、建筑结构高度、场地基础条件、施工主要材料、施工实际条件与技术水平等，进行科学的分析与对比，合理进行选型。②在建筑结构布置方面应注意确保平面布置的对称性以及竖向布置的均匀性，从而保障建筑物在地震作用下不会发生较大的结构扭曲变形，从而提高建筑结构的抗震能力。

（三）确保结构的整体性

建筑物各个结构部分的协同作用是建筑物抗震能力发挥的关键，而这就要靠建筑结构的整体性予以保障。因此，在高层建筑结构的抗震概念设计中，应注意对结构整体性的把握，确保建筑结构在地震作用下的整体性不会丧失，保持建筑结构的整体稳定性与整体刚度，从而提高建筑物的整体抗震性能。在实际的建筑结构中，施工质量好的型钢混凝土结构与现浇钢筋混凝土结构都是能够较好地保持整体性的抗震结构，其在高层建筑结构抗震设计中具有良好的应用效果。

（四）非结构部件的处理

非结构构件，一类例如围护墙、内隔墙、框架填充墙等，在地震作用下，这些构件或多或少地参与了主体结构工作，改变了整个结构的强度、刚度和延性，直接影响了结构的抗震性能，因此，在构造上，加强填充墙和主体框架的联系，使其成为主体抗震结构的一部分，是很有必要的。另一类，如女儿墙、雨篷等不参与主体结构的工作，应增强其自身的与主体结构的可靠连接等等。

先进的设计思想可以通过概念设计充分地展现。一个结构工程师的主要任务就是在特定的建筑空间中用整体概念来设计结构的总体方案，并能有意识地利用总结构体系与各基本分体系之间的力学关系，而不仅仅是能精确地计算和分析一个给定的分体系或构件。客观事实是，凡是概念设计做得好的结构工程师，其结构概念是随年龄与实践的增长而越来越丰富，设计成果也越来越创新、完美。

第四节　建筑结构概念设计方法

　　传统的建筑结构设计体制过分强调结构的细节设计和精确的计算分析，而忽略结构的整体力学概念和结构体系的应用。在这种体制模式下，结构工程师在建筑设计的早期阶段不能发挥作用，即使在结构后期的设计中也不能抓住问题的关键。而在概念设计方法中，则强调结构工程师应从工程设计的最初阶段开始，使用概念设计去帮助建筑师开拓空间形式与功能，与建筑师一起充分地去实现业主对建筑物的理想需求。

　　随着我国经济建设和全国城市化步伐的飞速发展，各类城市建设工程正在大量兴建，这些反映着当前经济、文化和信息特征的现代建筑相对于以往的传统建筑，除了建筑高度和跨度的不断增加外，还有新型结构体系和新型材料的不断出现和应用，以满足人们对建筑功能性、舒适性、美观性和可持续性的更高要求。而人们对现代化建筑的这些需求，都必须建立在建筑结构安全性的基础上。因此，在这些现代建筑设计工作中，结构工程师不得不面临各种传统技术上的困难，这就要求结构工程师必须具有不断创新和挑战的精神，从整体上把握美学以及可持续发展的观点，并且要根据力学理论和体系构建的整体内容，以把握结构的分解和集成，把复杂的大型整体结构简化，使其成为简单的三维整体结构或者二维平面子结构，甚至成为一维线性或非线性构件，还要使这些结构构件满足跨度、空间等不同建筑的要求，以及有可实施性的结构形式。

　　目前，我国在建筑结构设计中主要运用极限状态的设计方法，该方法的基础是概率论。该设计方法对荷载和材料强度的标准值分别以数理统计方法取值，其设计方式是用荷载、材料特性以及物理参数的各种分项系数，并结合结构重要性系数加以表示的，这些系数都是结构在规定的时间内，在规定的条件下，完成预定功能的概率。对于构件的设计来讲，确实要比容许应力法更为接近实际，但问题仍然是很难算出建筑结构的真正承载能力。实际的建筑结构都是一种整体的三维结构，所有的构件都以相当复杂的方式在共同协调作用，并非脱离总结构体系的独立构件。

　　由此可见，结构设计没有唯一正确的解决方案，只有相对满意的解决方案。这同时也说明了在结构设计过程中需要估算材料特性、近似分析结构模型、估计可能发生的各种外部荷载、保证结构的安全和满足使用功能的要求。这也说明结构设计从建筑方案设计到初步设计以及最后的详图设计实际上都是一种"概念设计"，概念设计不仅在前期的方案设计中起重要作用，对初步设计和详图设计也有重要的指导作用。因此，对结构工程师以及建筑师来说，学习结构设计中的概念和体系特点有十分重要的意义。传统的建筑结构设计体制过分强调结构的细节设计和精确的力学分析，而忽略结构的整体力学概念和结构体系的应用。在这种体制下，工程师在结构设计的早期阶段不能发挥作用，即使在结构后期的设计中也不能抓住问题的关键。在现代结构设计中，要求设计师在结构设计的早期就能够提出好的结构体系和结构概念，从而保证结构整体设计方案的可行性，使建筑方案更为完美，使建筑造价更为节省，从而达到力学和美学表达以及可持续发展的总体要求。

一、贯穿全过程的概念设计方法

工程项目的所有设计阶段，结构工程师和建筑师要紧密沟通协作，根据结构自身的结构体系和受力情况、变形情况，并实地考察建筑物所处的地理位置、环境条件、施工条件与投入等因素，通过探索、比较、反馈和优化，找到合理的方案。要实现一个建筑物的全面设计，至少应有三个反馈、优化的阶段：方案设计阶段、初步设计阶段和施工图设计阶段。

在方案设计阶段，结构工程师应凭借自身的工程设计理念、经验、判断力和创造力，用概念设计去帮助建筑师开拓或实现业主对建筑的需求，或已初步构思的空间形式及其使用、构造与形象功能。并以此为统一目标，与建筑师一起构思总结构体系，以避免基本思路受到无数具体细节问题的干扰，而且在构思结构总体系时就能考虑到材料、施工的可行性与经济性，这样的构思易于反馈和优化，以便于改进或开拓建筑设计方案。

在初步设计阶段，设计的重点已转移到如何精心去改善已构思拟定的设计方案上，也即已转移到分体系具体方案的设计上，确定分体系及其相关构件的几何尺寸与截面特征和相互之间的关系，经过近似计算以后再考核该设计方案的可行性。初步设计阶段所进行的完善措施一定要反馈回去，进一步完善总体方案。

在施工图纸的设计阶段，如果不同专业的设计人员和业主都对前期的设计优化方案的可行性表示认可，则全部设计的基本问题都已解决，只需要进行构件界面设计和节点构造处理等细部设计工作。也就是说，只要方案设计和初步设计做得深入、透彻，则施工图设计阶段就不会再引起较大的反复，因为整个设计过程是一个循序渐进的发展过程。

二、概念设计中应重视的基本原则

概念设计的宗旨就是在特定的空间形式、功能和地理环境条件下，以结构工程师自身确定的理想承载力、刚度和延性为主导目标，用整体构思来设计各部分有机相连的结构总体系，并能有意识地利用和发挥结构总体系和主要分体系以及分体系与构件之间的最佳受力特征与协调关系。基于上述基本理念，笔者总结了结构概念设计中应重视的一些基本原则，以便于概念设计方法更良好的应用。

（1）采用具有多道抗震防线的结构框架。由两种受力和变形性能不同的超静定抗侧力结构组成的双重抗侧立框架，其抗侧力结构都能够有合格的刚度和承载力，能够承受部分的水平荷载，并由楼板之间的连接进行协作，共同抵抗外力。在地震作用下，如果有一部分损伤时，另一部分可以提供足够的刚度和承载力，损伤部分还能够负担一部分的抗震作用，甚至可以独自抵抗地震。在抗震结构中设计双重抗侧力体系可以实现多道设防，是安全而可靠的抗震结构体系。

（2）采用刚柔并济的结构布置方案。设计高层建筑结构考虑抗风和抗震要求的出发点往往是相互矛盾的，刚度大的结构对抗风荷载有利；反之，较柔的结构抗震性能好：①地震作用小；②可以避免与地震运动共振，这样就不会产生过大的应力。所以要设计一个抗风和抗震性能都很好的高层建筑结构必须要刚柔并济，在矛盾中寻求一个合理的平衡点。

（3）应将复杂转变为容易。将结构的受力与传力路径设计得越简单、越明确就越好。

最大限度地防范出现以抗扭为主的重要传力构件，传力路径越复杂就越易形成内力与变形的不协调和难以预料的薄弱环节。在进行结构分析的时候，也需要应用最简单、最直接的计算方法，切忌使用那些含糊不清的概念，叙述烦琐的计算方法。

（4）布置结构平面时应尽量使结构的刚度中心和建筑物的质量中心或建筑物的表面风力作用中心靠近，最好重合，消除在风荷载或地震波影响下产生的扭转效应和相应的破坏风险。

（5）结构抗侧力构件沿建筑物竖向的变化应尽量均匀、连续，以防发生层刚度、层间位移、内力及其传力途径的突变。如因建筑空间的结构或使用功能的要求而必须出现结构竖向不规则变化时，应有效地协调上下部结构之间剪切刚度、弯曲刚度和轴压刚度的平稳过渡。

（6）应重视上部结构与其支撑结构整体共同作用的机理，即传力者和受力者共同抗力的概念。例如，上部结构与地基基础的协同设计，在基础设计时应考虑上部结构刚度，而在上部结构设计时，也应合理考虑基础刚度的影响，因为实际的建筑物都是一种整体的三维空间结构，所有的结构构件都以相当复杂的方式在共同协调工作，而不是脱离总结构体系的孤立构件。

（7）对于高层建筑，应尽可能地加大竖向抗侧力构件的抗倾覆力臂有效宽度，也就是尽可能地将竖向构件设置在结构平面的最外边缘，这可有效减少因抵抗侧向水平力所需增加的材料用量。反之，如果增加的材料用量越多，建筑物的质量就会越大，地震作用下的惯性力就会变得更加厉害，从而使建筑的抗震设计更加严峻。因此，遵循能有效增大高层建筑抵抗侧向力的能力，而不需增加更多成本的基本理念是十分有必要的。

结构工程师不仅仅靠工程结构设计作为一个生活的手段，也能够留给后人一些示范。人不是天生就有概念、判断力和创造力的，这都是在每一个工程的概念设计中，通过自身的不断思考、比较、总结才能逐渐积累和充实的。所以我们应该珍惜每一次的设计机遇，无论项目规模是大是小，无论设计条件是简单还是复杂，都是一个完整的有机结构，都应激发自我挑战和创造的欲望。在每一个工程项目设计的开始，结构工程师应善解建筑师的心意和业主的需求，不但不能拿所谓的条条框框，一个劲地摇头来阻止或束缚建筑师所追求的梦想，而应反过来主动去帮助建筑师开拓更令人兴奋的空间形式和三大功能。可以说，结构工程师的创造力和创新才是对建筑师、业主和该项目设计的最大贡献。

第五节 建筑结构概念设计的优化

建筑行业是我国国民经济的支柱型行业，在土地资源日益紧张的今天，建筑开始向着高层方向发展，因此，在高层建筑结构优化设计中应用概念设计，能有效地提高建筑结构的优化效果。本节通过浅析概念设计，对建筑结构优化设计中概念设计应遵循的原则和具体应用进行了分析，希望能更地好提高建筑结构的质量。

一、概念设计在建筑结构优化设计中的应用价值

顾名思义，概念设计即以建筑工程师的主观思想、判断力为前提，通过对前期方案、体系布置等环节的合理设定，对建筑结构设计予以优化，在彰显设计方案科学性和合理性的同时，最大限度上体现整体化理念在建筑结构设计中的应用价值。因此，以局部至整体的建筑结构设计格局，使其概念设计的作用尤为明显，具体可从以下两点进行阐述：

（1）概念设计将用户需求作为建筑结构设计的关键点，通过对用户多角度、多层次需求的综合分析，以目标实现为前提，完成建筑结构设计工作。在此过程中，因建筑项目设计的价值取决于用户认可度，而概念设计正是以该种思想为准绳，将多元化建筑设计需求予以整合，最终实现双赢的目的，但是，概念设计不仅将用户需求作为设计标准，而是以建筑设计"领路人"的角度，在满足用户需求的前提下，体现建筑结构设计的意义。

（2）传统建筑结构存在明显不足，如设计过程烦琐、设计方案前后矛盾等，尤其在

计算机系统全面应用的背景下，通过建筑结构设计中的运用，不仅可缩减设计人员工作量，还可提升建筑设计效率。但是，随着相关设计软件的大面积应用，其缺陷也随之凸显，如设计人员过于依赖设计软件，对建筑结构设计的基本概念产生忽视。而概念设计可有效地弥补传统建筑设计模式所带来的不足，要求设计人员在充分解析设计内涵、设计本质的同时，加强建筑结构设计的价值体现。

二、建筑结构优化设计中概念设计应遵循的原则

（一）优选原则

对于概念设计在建筑结构设计中的应用，其优选原则主要以结构体系优化、结构布置优化两点入手。前者应对建筑构件特性进行熟练掌握，并以建筑环境和建筑荷载为依据，对设计方案进行择优选择，再经细致判断分析的方式，对建筑结构设计环节的内在关联予以融合，以此在构建结构单元的基础上，以平面和线型、交叉与叠合的形式，完成建筑结构体系构建与优化工作。后者应以建筑性能需求、意向表达为前提，对建筑水平、支承系统与基础系统予以优化设计，而建筑荷载力、地质条件和变形量、支承作法等指标对比分析，是对概念设计方案优越性、合理性与科学性特征的确定。

（二）空间、延性、强柱弱梁原则

空间原则：常规角度下，建筑物作为空间结构，需在结构设计中，遵循结构空间合理性原则，如以在修复建筑结构自身科学性与安全性的同时，对其空间结构予以优化。

延性原则：建筑延性应以延性系数的层面体现，即建筑结构变形量、屈服量对比值，若比值越大，证明建筑延性越大。除此之外，建筑构件和建筑整体结构间有着相互影响的特点，如建筑构件延性良好，其整体结构也具有较强的延性。

强柱弱梁原则：利用对建筑结构强柱弱梁设计理念的控制，可在强地震环境下，保证建筑结构的安全与稳定，因此，可在建筑结构梁处布设框架塑性绞线。

（三）耗能原则

针对建筑抗震结构设计环节，需对其自身强度、耗能参数指标进行综合考虑。但是，因受到设计考虑不周和施工欠妥等因素的影响，导致结构水平承重受到影响，从而对建筑整体结构决策稳定性、安全性产生影响。与此同时，建筑结构设计应以薄弱环节设计为基准，结合等强度理念，对结构耗能问题进行合理设计，具体可从以下几点入手：保持耗能构件屈服值在弹性允许范围内，建筑结构构件因屈服值的存在，可对整体结构产生局部约束，从而避免其遭受破坏；为有效地降低地震能量，耗能构件参数、数量等应

严格按照规定标准执行；耗能构件的选择应排除竖向荷载构件干扰，如柱与剪力墙等。

三、概念设计在建筑结构优化设计中的具体应用

概念设计将整体至局部、局部至整体作为设计理念，通过对建筑结构设计各环节的全方位参与，实现结构设计优化的目的。但是，在概念设计具体应用中，存在诸多难点，为加深建筑结构优化的思想，应从方案选择、分析计算、抗震设计三个层面进行系统化分析。

（一）方案选择

建筑结构方案提出后，因诸多因素的影响，如地质结构、地形特点和负载条件等，追求结构设计方案的合理性、合适性与经济性原则，成为设计人员、建筑决策者重点关注的内容。对此，应在建筑结构方案设计初期，对地质条件和施工环境、荷载分布与结构类型、用户需求等多方面指标进行综合分析，以恰当的角度完成设计方案的拟定工作。概念设计在工程施工中应对建筑工程达到实用、合理、经济等目的，这也是概念设计的主要目的。因此从优选取具有一定科学性、可行性的建筑结构施工设计方案有着重要的意义。结合建筑施工结构设计方案中设计的抗震系统及建筑结构体系的整体布局等，并进行详细的分析。通常同一个建筑结构中不宜采取其他的结构体系，还应做到纵向与平面呈现一定的规律性。在进行建筑结构施工方案设计时，应考虑当前的施工条件、施工特点及工程材料的供给等方面的问题，工程设计师应对建筑结构进行综合、系统及全面的研究与分析，制定多个预备方案进行对比，选择最合理有效的建筑结构施工设计方案。例如，房屋地基设计时，应事先开展建筑场地勘探工作，并由设计人员对场地资料进行详细收集，以达到万无一失。总之，概念设计注重局部、整体间的相互关联，需在资料信息全面掌握的前提下，方可彰显建筑结构设计方案的合理性、经济性优势。

（二）分析计算

现阶段，信息技术作为时代核心科技，并在建筑业等诸多行业中予以运用。以良性循环的角度，计算机技术的选择，可显著提升设计人员工作效率，减轻自身工作负担，但其系统运行应以程序资料为基准，若程序自身存在问题或漏洞，再者未在设计环节对其开展详细选对与调准工作，不仅会增加数据计算结果的误差率，还会影响建筑工程质量。譬如，计算软件简图选择不合理，安全事故问题将会随时爆发。因此，为避免建筑结构设计中安全事故的发生，则应在计算环节适当融入概念设计，以程序软件辅助应用的方式，获取最终计算结果，并同时选用概念设计理论知识、实践经验对其结果予以精准测评，以此体现其真实性、完整性价值。

（三）抗震设计

　　建筑物的构建，应以建筑场地为基准，其核心作用与价值不容人们所忽视。其中抗震性能是判定建筑场地合理性的关键标准，应在综合因素分析的前提下，对抗震系统予以充分掌握，若抗震系数较低，则易为建筑物埋下安全隐患。但是，因土地资源等条件的限制，若要在有限空间范围内选择抗震系数高的场地，难度系数相对较高。对此，应从整体结构、基础结构的角度，对其实施抗震设计，如地震力、结构刚度与钢筋根数比例关系的运用，并在此基础上，结合概念设计理念的运用，寻找最佳建筑结构设计思路，以此在减缓建筑结构扭转力的同时，不仅可提升建筑结构的抗震性能，又可减少工程造价。

　　综上所述，概念设计是结构设计的核心，是保护建筑设计的重要内容，建筑结构设计师通过利用结构概念设计对结构的全部性能整体的把握，科学合理地判断计算分析结果，确保工程符合既定的目标。如今，概念设计对现今的高层建筑结构优化设计有着至关重要的作用，结构设计师将概念设计合理地融入高层建筑结构设计当中，在有效衡量设计师专业水平和技术水平的同时，加强了高层建筑结构的稳定性和坚固性，从而确保了高质量的高层建筑。

第五章 园林建筑设计

第一节 设计过程与方法

一、准备阶段

（一）园林建筑设计方向准备

园林除了是群众休闲娱乐的场所之外，其对内的使用功能也十分重要，园林中建筑的功能主要从娱乐与服务两个角度说起。

娱乐性是园林的特色所在。在园林中，群众可以暂时歇脚抑或游赏美景，因此建筑中要借助审美专家的眼光来创设情境，像湖中小船、建筑观光梯、园林小桥等都能够展现园林特征，满足群众赏玩的心情。

服务性功能的设计更加注重综合性。在园林建筑中，提供生活类的产品是提升群众满意度的重要环节，在众人赏玩劳累之时，要在适当位置建造购物平台、卫生间、轻便旅店等，方便群众购买必需品。对于园林内部的工作人员来说，建筑中要涵盖办公场所、会议室、管理间、仓库用房等设施，满足管理人员对整个园区监督改造的需求。

（二）地形、植物、水体设计准备

1. 地形与园林建筑设计准备

（1）地形对建筑布局及体形设计的影响。在传统风景园林建筑设计中常推崇的结构形式为"宜藏不宜露、宜小不宜大"，提倡园林建筑结构与自然环境相互融合，即在进行园林建筑布局、结构风格设计时，需要与场地原有地形相互协调一致，则为园林建筑适应场地原有地形。此外，园林楼亭建筑设计中，常通过廊连接各个楼亭，不破坏原有建筑风格。

而现代园林建筑结构设计时，首先需要考虑园林周边的地形起伏，采用埋入式建筑结构可与周边地势、自然景观等协调一致。例如，在杭州西湖博物馆整个结构以埋入地

下式为主，其顶部采用绿植种植在起伏地表面，形成一种建筑与湖滨绿化带自然融合，以不破坏自然环境为根本，内敛含蓄地隐藏在环境中。

（2）建筑设计以地形的视觉协调为依据。在园林建筑设计时，可以将建筑和周边地形放在一起设计，形成清晰的建筑轮廓线，提高园林建筑的艺术效果。因此需要提高对园林建筑风格、结构轮廓、周边地形三者之间的研究。在进行风景园林建筑设计时，需要充分考虑地形与建筑风格的关系，以形成完美的天际线，提高园林建筑的设计效果。

当园林建筑设计时，若地形的起伏状况超出建筑结构的尺寸时，则形成建筑结构以周边地形为背景，即建筑为图、自然环境为底；若地形起伏尺寸与建筑结构相一致时，需要使建筑结构适应自然地形，即园林建筑因地制宜。而对于沙漠风景建筑则模仿自然山体姿态，其建筑风格如高山耸立，从而与平坦的沙漠形成鲜明的对比，但是建筑材料与沙漠元素基本一致，又形成了建筑与自然的融合。

根据笔者多年的园林建筑设计经验可知，地形可以与建筑有效几何形成空间风景，且可以利用地势遮挡建筑结构设计中的不足。因此，在建筑结构设计中，园林设计人员适当改造周边地形，指引人们的视线，确保人们欣赏到风景园林的完美风貌；同时，还可以利用地形地貌对建筑结构进行划分成不同的结构体，既实现不同结构体的功能需要，且减小了建筑体的外形体积，减轻对周边自然环境的压迫感。

2. 植物与园林建筑设计准备

由于植物的色彩、形态、大小、质地等不同，它丰富了园林的风景，是风景园林设计中不可缺少的元素之一。

（1）植物配置影响建筑布局和空间结构。在风景园林设计中，需要最大限度地保留原有植物的完整性，维持原有生态的平衡。可以采取紧凑建筑布局，减少占用过多的绿化面积。园林的建设设计需要采用多种风格，与场地周边的环境保持一致。

在园林建筑设计中需要尽可能地减少建筑面积来避免破坏自然环境。在建筑施工工艺选择时，可以修建架空平台来减少挖掘土方面积，从而尊重自然环境的生态平衡，实现园林建设结构与自然环境和谐共存的目标。

同时，在园林建筑附近适当地种植绿植可以有效的分割、构建建筑物的外轮廓，使建筑物的空间感更加明显。此外，种植灌木、乔木、草皮等可以形象地衬托出风景园林的硬质界面，增强建筑结构的色彩和质感，弥补建筑立面和地面铺装的协调不足，创建完善的风景园林环境。

（2）植物特征提高建筑的审美效用。植物是人、建筑、自然三者之间的桥梁，可以将建筑形体和视觉感受完美地统一起来。以美学视角观察植物与风景园林的关系，可以使建筑物具有层次感和生命力，并将园林建筑与自然风景融合为一体，也可联系建筑内外空间，从而实现协调整体环境视觉审美的宗旨。

同时，利用植物的植冠高低，可以营造一种高低起伏的绿色美景。例如，在地势起伏区域种植一片可供观赏的灌木，并在其背后种植高大的常绿乔木，形成一幅美不胜收的绿海美景。

3. 水体与园林建筑设计准备

在园林设计要素中，以山石和水的关系最为密切，而传统的风景园林中不可缺少的元素则为水，传统中国山水园可称为"一池三山、山水相依"的山水园。

（1）建筑与水体互为图底。若在风景园林建筑设计时，在低洼区域设计为水塘，并在其上设置楼亭，从而使楼亭建筑与水面融为一体，营造一种楼亭漂浮于水面的假象。人与水具有密切的关系，需要在风景园林中体现人与水的亲密，可以在园林建筑群周边布置小溪，使建筑物充满生机活力，如苏州的沧浪亭，在园外环绕一池绿水，与假山形成一幅山水画，从而体现了建筑的艺术风格。

（2）水体调节园林气候，改善小范围内的生态环境。众所周知，水体蒸发后可以增加周围空气的水分，改善周围环境的湿度和温度，在一定范围内调节环境和气候，维持小范围内的生态平衡。并且在水体中养殖鱼、观赏花，可增强园林的动态美，为风景园林建筑的整体效果增添生机和活力。

综上所述，在风景园林建筑设计中，需要注重对地形、植物、水体等元素的设计，它们可以弥补风景园林建筑的布局、空间、功能等设计的不足。同时，需要充分利用自然环境创造的自然美，为实现人、自然、建筑三者之间的和谐做出贡献。

二、设计阶段

各种项目的设计都要经过由浅入深、由粗到细、不断完善的过程，风景园林设计也不例外。它是一种创造性工作，兼有艺术性和科学性，设计人员在进行各种类型的园林设计时，要从基地现状调查与分析入手，熟悉委托方的建设意图和基地的物质环境、社会文化环境、视觉环境等，然后对所有与设计有关的内容进行概括和分析，寻找构思主线，最后，拿出合理的方案，完成设计[1]。

设计过程一般包括接受设计任务书、基地现场调查和综合分析、方案设计、详细设计、施工图、项目实施等六个阶段。每个阶段都有不同的内容，需要解决不同的问题，对设计图纸也有不同的要求。

---

1 贾红艳.园林建筑小品种类及其在园林中的用途[J].山西林业，2009（5）.

（一）任务书阶段

接受设计任务书阶段是设计方与委托方之间的初次正式接触，通过交流协商，双方对建设项目的目标统一认识，并对项目时间安排、具体要求及其他事项达成一致意见，一般以双方签订合同协议书的形式落实。

设计人员在该阶段应该利用与对方交流的机会，充分了解设计委托单位的具体要求，有哪些意愿，对设计所要求的造价和时间期限等内容，为后期工作做好准备。这些内容往往是整个设计的基本要求，从中可以确定哪些值得深入细致地调查和分析，哪些只要做一般的了解。在任务书阶段很少用图纸，常用以文字说明为主的文件。

（二）基地调查和分析阶段

掌握了任务书阶段的内容之后就应该着手进行基地现状现场调查，收集与基地有关的材料，补充并完善所需要的内容，对整个基地及环境状况进行综合分析。

基地现状调查是设计人员到达基地现场全面了解现状，并同图纸进行对照，掌握一手资料的过程。调查的主要内容包括：①基地自然条件：地形、水体、土壤、植被和气象资料；②人工设施：建筑及构筑物、道路、各种管线；③外围环境：建筑功能、影响因素、有利条件；④视觉质量：基地现状景观、视域等。调查必须深入、细致。除此以外，还应注意在调查时收集基地所在地区的人文资料，掌握风土人情，为方案构思提供素材。基础资料主要指与基地有关的技术资料。⑤图纸：如基地所在地区的气象资料、自然环境资料、管线资料、相关规划资料、基地地形图、现状图等，这些资料可以到相关部门收集，缺少的可实地进行调查、勘测，尽可能地掌握全面情况。

综合分析是建立在基地现状调查的基础上，对基地及其环境的各种因素做出综合性的分析评价，使基地的潜力得到充分发挥。基地综合分析首先分析基地的现状条件与未来建设的目标，找出有利与不利因素，寻找解决问题的途径。分析过程中的设想很有可能就是方案设计时的一种思路，作用之大可想而知。综合分析内容包括基地的环境条件与外部环境条件的关系、视觉控制等，一般用现状分析图来表达。

收集来的材料和分析的结果应尽量用图纸、表格或图解的方式表示，通常用基地资料图记录调查的内容，用基地分析图表示分析的结果。这些图常用徒手线条勾绘，图面应简洁、醒目、说明问题；图中常用各种标记符号，并配以简要的文字说明或解释。

（三）方案设计阶段

前期的工作是方案设计的基础和基本依据，有时也会成为方案设计构思的基本素材。

当基地规模较大及所安排的内容较多时，就应该在方案设计之前先做出整个园林的用地规划或布置，保证功能合理，尽量利用基地条件，使诸项内容各得其所，然后再分区、分块进行各局部景区或景点的方案设计。若范围较小、功能不复杂，实践中多不再单独做用地规划，而是可以直接进行方案设计。

1. 方案设计阶段的内容

方案设计阶段本身又根据方案发展的情况分为构思立意、布局和方案完善等几部分。构思立意是方案设计的创意阶段，构思的优劣往往决定着整个设计的成功与否，优秀的设计方案需要新颖、独特、不落俗套的构思。将好的构思立意通过图纸的形式表达出来就是我们所讲的布局。布局讲究科学性和艺术性，通俗地讲就是既实用又美观。图面布局的结束同时也是一个设计方案的完成。客观地讲，方案设计首先要满足功能的需求，满足功能可以由不同的途径解决问题，因此实践中对某一休闲绿地的方案设计可能一个还不行，有时须做出 2 ～ 3 个方案进行比较，这就是方案的完善阶段。通过对比分析，并再次考虑对基地的综合分析，最终挑出最为合理的一个方案进行深入完善，有时也可能是综合几个方案之所长，最后综合成一个较优秀的方案向委托方进行汇报。

该阶段的工作主要包括进行功能分区，结合基地条件、空间及视觉构图；确定各种使用区的平面位置（包括交通的布置和分级、广场和停车场的安排、建筑及人口的确定等内容）。方案设计阶段常用的图纸有总平面图、功能分析图和局部构想效果图等。

2. 方案设计的要求和评价

方案设计是设计师从一个混沌的设想开始，进行的一个艰苦的探索过程。由于方案设计要为设计进程的若干阶段提出指导性的文件并成为设计最终成果的评价基础，因此，方案设计就成为至关重要的环节。方案设计的优劣直接关系设计的成败，它是衡量设计师能力高下的最重要标准之一。因为，一开始如果在方案上失策，必将把整个设计过程引向歧途，难以在后来的工作中得到补救，甚至会造成整个设计的返工或失败。反之，如果一开始就能把握方案设计的正确方向，不但可使设计满足各方面的要求，而且为以后几个设计阶段顺利展开工作提供了可靠的前提。

面对若干各有特点的比较方案如何选择其中之一作为方案发展的基础呢？这就需要对各方案进行评价工作。尽管评价始终是相对的，并取决于做出判断的人，做出判断的时刻，判断针对的目的以及被判断的对象，但是，就一般而言，任何一个有价值的方案设计应满足下列要求：

（1）政策性指标包括国家的方针、政策、法令，各项设计规范等方面的要求。这对于方案能否被上级有关部门获准尤为重要。

（2）功能性指标。包括面积大小、平面布局、空间形态、流线组织等各项使用要求是否得到满足。

（3）环境性指标。包括地形利用、环境结合、生态保护等条件。

（4）技术性指标。包括结构形式、各工种要求等。

（5）美学性指标。包括造型、尺度、色彩、质感等美学要求。

（6）经济性指标。包括造价、建设周期、土地利用、材料选用等条件。

上述六项是指一般情况下对比较方案进行评价所要考虑的指标大类。在具体条件下，针对不同的评价要求，项目可以有所增减。

由于方案阶段是采取探索性的方法产生很粗略的框架，只求特点突出，而允许缺点存在，这样，在评价方案时就易于比较。比较的方法首先是根据评价指标体系进行检验，如果违反多项评价指标要求，或虽少数评价指标不满足条件，但修改却困难，即使能修改也使方案面目全非失去原有特点，则这种方案可属淘汰之列。反之，可进入各方案之间的横向比较。

（四）详细设计阶段

方案设计完成后，应按协议要求及时向委托方汇报，听取委托方的意见和建议，然后根据反馈结果对方案进行修改和调整。方案定下来后就要全面对整个方案进行各方面的详细设计，完成局部设计详图，包括确定准确的形状、尺寸、色彩和材料，完成平面图、立面图、剖面图、园景的局部透视图以及表现整体设计的鸟瞰图等。

（五）施工图阶段

施工图阶段是将设计与施工连接起来的环节。根据所设计的方案，结合各工种的要求分别绘制出能具体、准确地指导施工的各种图纸。

施工图应能清楚、准确地表示出各项设计内容的尺寸、位置、形状、材料、种类、数量、色彩以及构造和结构，完成施工平面图、地形设计图、种植平面图、园林建筑施工图、管线布置图等。

（六）施工实施阶段

工程在实施过程中，设计人员应向施工方进行技术交底，并及时解决施工中出现的一些与设计相关的问题。施工完成后，有条件时可以开展项目回访活动，听取各方面的意见，从中吸取经验教训。

三、完善阶段

（一）提高绿化设计水平，实现绿化流程科技化

按照"做一流规划，建一流绿化"的理念，聘请高资质、高水平的园林绿化设计单

位编制绿化工程设计方案。对于一些重大城市园林绿化设计方案，要通过报纸、电视等形式向社会公告。组织人员到国内园林绿化先进城市学习，邀请专家到相关地方授课，开阔眼界，丰富城市园林绿化内容。完善绿地信息化管理系统（GIS）的使用，在协调规划局提供相关地方市域范围地形图的基础上，完成绿地信息化地图，动态管理相关地方绿地，优化绿化养护工作流程，在合理的利用人力、财力和物力资源投入下，提高绿化管理工作的效率，做好园林绿化养护管理的质量跟踪、督察指导，实现宏观管理、科学管理。

（二）优化道口绿化景观，实施绿地景观提升

对城乡主要道路沿线进行绿化环境整治，完成高速公路匝道及互通景观提升，高铁沿线两侧绿化以及城乡主干道沿线绿化环境综合整治，提升城市形象，优化景观效果，构筑生态廊道。对城区道路景观进行总体策划，通过绿化景观小品，将全市城市道路的景观格局与地方的历史、经济、文化、军事等多方面的城市文化主要脉络相整合，建设一批以文为魂、文景同脉、厚史亮今、精品传世之作。

（三）突破城乡分隔，推进全市集镇绿化

突破城乡分隔、中心城区与周边片区相互独立的绿化格局，有计划、有步骤地推进城区绿化向农村延伸，中心城区向周边片区辐射，粗放型绿化向景观型绿化转变。加强乡镇公园绿地、道路绿化、河道绿化建设，推动缺乏大型综合性公共绿地的乡镇加快建设。同时结合各乡镇特点，延伸建设多条生态廊道，充分利用自然生态，构建科学合理的城乡生态格局，形成全市域分层次、全覆盖的绿地空间。按照率先基本实现现代化的城镇绿化覆盖率指标，指导全市各镇（街道）推进集镇绿化建设，利用一切空间、地段绿化造林，并对原有绿化进行改造，提升品位档次，实现全市城镇绿化覆盖率提升为40%以上。

（四）开展损绿专项整治，切实保障绿化成果

规范城市绿化"绿线"管制制度和"绿色图章"制度。城市规划区内的新建、改建、扩建项目，必须办理《城市绿化规划许可证》，并按批复的内容和标准严格实施。严格绿线管控，采取切实有效的措施。市园林绿化行政主管部门要强化依法行政管理职能，对各类建设工程项目中的绿化配套，违法占绿、毁绿、毁林行为，以及临时占用城市绿地，修剪、砍伐、移植城市树木和古树名木迁移等严格审批和查处。

（五）注重绿化的整体规划，满足多样化需求

城市园林绿化要以满足人性需求、满足生态需求、满足文化需求为原则，加强整体

规划。首先按照宜居园林城市的建设标准，在居住区内建设与其面积、人口容量相符合的园林绿地，同时在城市每500m范围内建设可入型绿地。在此基础上，大力推进城市慢性系统的建设，与内河的绿廊建设结合形成遍布全城的绿色网络。其次将自然作为规划设计的主体，生态环保是永恒的主题，要顺应自然规律进行适度调整，尽量减少对自然的人为干扰。最后要把城市文脉融入园林绿化，形成城市园林特色。应针对达到一个区域、小到场地周围的自然资源类型和人文历史类型，充分利用当地独特的造景元素，营造适合当地自然和人文景观特征的景观类型。

（六）注重乡土树种的培育，倡导节约型园林绿化

乡土树种是经过长期的自然进化后保存下来的最适应于当地自然生态环境的生物材料，是当地园林绿化的特色资源，同时对病虫害、台风等自然灾害的抗逆性极强，可以在一定程度上减少管护成本。在城市园林绿化建设中应考虑多采用乡土树种，减少对棕榈科植物的运用，这样既能保证足够的生物量和绿量，又能收到适宜当地环境、减少病虫害危害及空气净化效果好的目的，降低后期的管护运营资金投入。

（七）注重古树名木的保护，展现文化内涵

名木古树既是一个城市沧桑发展的见证，也是城市历史和文化的积淀，是城市绿化的灵魂。以有效保护古树名木为前提，因地制宜开发古树景观，开展古树观光旅游。在整体优化古树文化旅游环境的基础上，通过竖牌立碑等方式广泛宣传古树文化；给濒死、枯死古树名木旁添植同种树种，以延文脉；以古树名木为对象录制光碟、出版画册、读物等，丰富了文化旅游产品，扩大了古树名木影响。古树名木作为宝鸡现代生态旅游的重要资源，将为宝鸡建设旅游名市锦上添花。

（八）注重科技创新，提升发展后劲

园林绿化不仅在硬件上要下功夫，还应加大科技创新，使宝鸡市园林事业发展转到依靠科学技术进步上来。要针对宝鸡市园林绿化技术水平还相对落后、栽培养护管理措施较为粗放、专业技术人员和技术工人相对缺乏等问题，进一步加强宝鸡市园林绿化技术队伍建设和人才培养；加大科技投入，设立园林科研专项经费用于植物品种的优选培育、病虫害防治、园林设计、绿化养护以及生物多样性等科学研究；加强与国内外先进地区交流，积极引进和采用新技术、新工艺、新设备，为城市园林建设提供科技支持。

四、思维设计特征与创新

现代园林建筑设计思维方法的确立是一个继承与创新的过程。随着社会的发展，不

同的经济发展阶段所呈现的建筑设计思维方法也是所有不同的。而建筑设计思维特征的创新除了需要把握思维主体的变化外,还需要考虑建筑设计思维客体的对立和统一。本节主要立足于当前我国的建筑设计行业的发展现状,详细分析了随着社会的发展,未来我国建筑设计思维方法的创新和发展趋势。

当前,随着我国建筑业的蓬勃发展,国内建筑设计方面的研究明显跟不上建筑业的整体发展,尤其是建筑设计思维方法的研究,还存在许多不足之处。如何进行好建筑设计思维方法的创新研究,找到其中的发展规律,把握时代发展特征,找到思维创新的突破点。当然,探索传统建筑设计思维方法存在的不足,理清建筑设计思维方法的内在联系,对于建筑设计思维方法的创新与发展具有极其重要的作用。

(一)传统园林建筑设计思维

1.园林建筑设计的基本方法

(1)平面功能设计法。平面设计是建筑设计的一项重要内容,它对于解决建筑功能问题发挥着重要作用。建筑平面设计能够很好地展示建筑设计的平面构想。虽然建筑是一个立体三维定量,单一的平面或是局部讨论是无法体现建筑设计概念的整体性的。但是,建筑平面设计对于建筑设计的使用还是十分必需的。一方面,平面设计的好坏直接关系到建筑物的使用功能。而平面设计的流线分析设计也能使建筑功能较为合理。平面流线设计是一种常见的建筑设计方法,主要是先通过平面设计来分析用地关系,了解建筑物的用途,从建筑功能出发,进行合理的平面功能的组合分析,并且还要在平面设计的基础上来考虑建筑的空间设计等。

(2)构图法。现代建筑设计的另一种基本方法是构图法。构图法主要是针对现代建筑的空间、体量等几何形体要素的设计方法。通过构图来分析建筑空间各几何要素之间的关系,分析出建筑的比例、结构、平衡等建筑规律。而建筑设计构图法的使用,必须建立在设计师提前对建筑定位的基础之上。只有首先知晓建筑的准确定位,才能对其几何空间形态进行科学、合理的构图设计。

(3)建筑结构法。结构法是另一种十分重视建筑结构的设计方法,它主要通过建筑的结构形态来展现建筑设计理念。建筑设计的结构主义与建筑物的空间关系十分密切,可以通过建筑物的结构设计来表现建筑物的性质。而建筑的结构设计也能够适时地演变为建筑物的装饰环节。建筑结构的展现,是对建筑物空间结构内容的一种展现,它能够帮助人们加深对建筑内容多样性的判断。

(4)综合设计法。现代建筑设计并不是针对单一建筑而言的,许多群体性建筑设计都十分复杂。因此,针对群体建筑,有必要对其进行拆分,采用适合单一的个体建筑的建筑设计方法，这种综合性的建筑设计方法的采用，不仅是对单一建筑特点的体现，而且也使各个单一建筑之间保持一种准确的相互依存的内在联系。综合设计方法多使用在大型的建筑群体，如城市综合建筑以及城市整体建设等。

2. 园林建筑设计思维

（1）社会文化习惯中的借鉴吸收。从传统文化和社会规范中汲取建筑设计思想。对过去传统的建筑设计进行较为系统的分析，从社会规范、自然法则、人文历史、文化传统以及人们的兴趣爱好、生活习惯中提取建筑设计的关键点。可以将其中一点或几点作为建筑设计的出发点和建筑风格的体现。最重要的就是要通过建筑设计的文化展现来改变人们的生活和行为习惯。

（2）其他艺术形式的借鉴。将特定的文化符号使用在建筑设计之中，使文化思想通过建筑体现出来。主要将文化符号使用在建筑物的内部或外部装饰上。此外，还可以通过特定的文化符号来演绎建筑的空间体量。我国的许多建筑对传统的中国建筑特色的吸收，如"中国红"的建筑色彩、中国传统的大屋顶等。这种象征性的文化符号在建筑设计中的使用还是十分普遍的。

（3）个人思想和情感的投注。优秀的建筑设计方案除了要有丰富的历史文化底蕴之外，还必须要依靠优秀的建筑设计人才。建筑设计必须要依靠设计者对建筑设计的热情和灵感。设计师将个人的情感和思想投注到建筑设计的创作中，将自身的知识技能转化成无限的创造力，为人们创造更加舒适的生活环境。这种个人思想和情感的投射，在现代建筑设计中是不可缺少的。同样，设计师的个人魅力和特色也是通过这种差异化的个人思想展现出来的。凡是世界一流的建筑，都带有浓厚的个人特色。

（二）园林建筑设计创新思维的基本特征

1. 反思特征

建筑设计的创新思维必须从常规中寻求差异，就是不简单地重复思维惯性，其对现实理论和建筑设计的实践进行分析，发现和反思结果，这样才能达到创新的目的。任何创造性活动都是从发现问题与解决问题入手的，其必须对以往的实践结果进行反思，才能找到创新点。同时对自身的创作过程进行反思，每个成功的设计往往不是一次就成功的，而是经过多次反复，反思也就成为其中必不可少的过程，反思有利于再次审视，对创新是十分有意义的。

2. 发现性特征

基于经验的设计不能够实现创新，只有发现新的认识才能达到创新，因此在实际的创新思维过程中必须发现新的特征与功能等，才能实现创新。即对原有的认知进行超越。

创新思维是人脑的高级反应，其不仅仅需要对表象进行分析，也利用发现过程来拓展更多的可能性。简单反映现实的同时更应反映知识和事物隐含的可能性。从而实现对设计的创新，因此其思维必须跳出常规，发现基础知识点以外的关键问题。

3. 实用特征

创新思维不是独立于现实，而应从实际出发，任何创造性的成果最终都应投入到实际应用中，如果不能应用则创造是没有任何价值的。建筑设计的创新思维也应如此，如果建筑设计的最终结果不能应用到建筑实践中，设计活动就失去了价值。所以创新思维必须依附于实践，实现创新、实践、改进、再创新的过程，创新和实用之间必须保持连贯。

4. 相对特征

思维方式的结果都会形成不同的结构，但是其具有相对性，因为任何创新都是相对应原有的思维模式和方法，建筑设计创新思维也是相对某个设计和观念的创新，即离不开时代和人文的特征，离不开实践活动。必须认识到创新思维方式的出现有其特有的时代价值，思维方式是相对新颖的。其不能对以往的方式和方法进行全盘否定，应依附于原有的经验进行创新。

（三）园林建筑设计思维方法的创新

1. 绿色建筑设计的新思维

基于新技术、新材料的建筑设计思维方法的创新。绿色建筑设计成为现在建筑设计行业的一大热门趋势。它崇尚乐色设计、生态设计。将生态环境保护放在了建筑设计的重要位置。绿色建筑的定义多样，主要表现在：第一，在尊重生态环境保护的基础上，因地制宜、因势利导，多选用本土化的绿色材料；第二，绿色建筑设计十分注重节能减排，在提高土地资源的使用效率的基础上，实现绿色用地、节约土地资源的保护资源的目的；第三，绿色建筑充分利用自然环境，打破过去建筑内外部相互封闭的界限，采用绿色、环保的开放式的建筑布局。

2. 突出环保新理念

绿色建筑设计的发展是对建筑物的整个过程的控制，它十分重视建筑物在使用期限内的环境保护。而绿色建筑设计的环境保护概念的体现是要合理利用绿色能源和可再生资源，最大限度减少资源消耗的污染性和有毒性。利用清洁生产的绿色资源，在使用周期内，循环利用资源，有效提升资源的利用效率，一定程度上也起到了节约资源、缓解资源短缺的现状。使用绿色资源，保护生态环境，实现人与自然的和谐相处。这是建筑设计思维方法的新拓展。

3. 建筑现场的整体性设计

建筑设计必须要建立在实际的建设地址上，实现建筑设计与自然环境相符合的重要条件就是要保证建筑现场的整体设计。一切建筑设计只有与实际的自然环境相符合，才算得上是完整的建筑设计方案。建筑设计一定要立足现实的自然地理环境，根据当地的地理条件、气候状况、社会环境等因素，进行具体的分析与考证，才能使建筑设计方案具有可行性，也才能使绿色建筑思维得以真正的贯彻落实。而建筑现场的设计应该注重这几个方面的内容：第一，建筑现场设计要尽可能保护好现场生物的完整性，不要过多地损害建筑现场原有的生态环境；第二，要尽量满足对绿地建设面积的需要，保持现场水土，有效降低环境污染和噪声的产生；第三，要尽可能减小建筑现场的热岛效应。

4. 建筑布局设计

合理的建筑布局设计是体现建筑设计思维创新发展的另一个关键点。建筑业是最耗能的产业，全世界的能源消耗有 1/3 是消耗在建筑业上的。合理降低建筑业的能源消耗。进行建筑平面设计，首先就要做好降低能耗的建筑设计。改善建筑门窗的保温性能和加强窗户的气密性是节能的关键举措，选取高效门窗、幕墙系统等，提升建筑的节能效率。此外，建筑的外墙设计要能满足室外的自然采光、通风等硬性要求。尽可能保证建筑设计的绿色和环保，有效减小建筑对电气设备的依赖性。建筑布局设计还要保证室内环境的温度以及热稳定等。建筑布局既要科学、合理，又要绿色、环保。

（四）当代建筑设计中的创新思维方法应用

1. 层次结构方法

建筑设计中创新思维的方法有一种是层次法，即对层次结构进行归类并进行设计，如双层结构、深层结构、表层结构等，其中双层结构应用较为广泛，双层结构可以相互作用，且相关构建。设计创新的思维方法就是在这个模式上拓展的。深层结构所体现的优势是稳定性、持久性等，同时作为基础所产生的表层结构，通过不断的改进和深化，形成众多的表层结构形式。因为表层结构的多样化和动态化特征，所以其可以反作用到深层结构上，因此在利用建筑设计创新思维方法进行设计时，应深入地对深层结构创新进行分析，对其内在的规律进行剖析，从而获得创新的基础。将设计中采用的逻辑和非逻辑性结合起来，在实际的工作中可以对多种建筑设计创新思维进行有效的控制，并使之与实践经验结合，让表层结构的拓展空间更大[2]。

2. 深层结构创新思维

建筑设计创新思维中，深层结构必须重视辩证的统一，即逻辑性和非逻辑性的结合，逻辑性思维体现的是传统的定式，也是设计中必须遵守的原则，非逻辑的思维则是要创

2　马旭峰.浅论园林建筑小品在园林中的作用[J].中国新技术新产品，2011（3）.

新和改变，但是其不能脱离逻辑性而独立存在，可以说非逻辑思维的目标是获得满足逻辑思维的目标。建筑中逻辑是满足科学和合理性，而非逻辑则是要创新和突破，是创新设计的源泉，体现思维的突发性，其前提是材料的不充分性、思维的突发性、结果的必然性，这些特征说明非逻辑思维不受传统理念和模式的影响，是抽象、概括、跳跃的思维模式，对逻辑性的再造，形成新的建筑设计中的逻辑性，并使之获得固化后得到应用。这就是深层次创新。

3.表层结构创新思维

表层结构是一种外化的形式，是深层结构创新的必然，表层结构应从深层结构转变出来，在一定的规律和方式下，深层结构可以有效地帮助表层结构形成多元化表象。所以深层结构的作用是基础，是表层结构创新的根本动力和影响动力。设计中应利用发散、收敛、求同、存异、逆向、多维等来完成创新，并使深层结构获得更好的体现。要实现现代建筑的创新思维方法的应用，就必须从深层结构入手，对表层结构进行灵活刻画，使之流畅的表达，从而使得创新思维获得固化，形成最终的设计成果。还应注意的是表层结构创新及收敛思维，从不同的角度对形成的创新点进行集中分析，选择和甄选，从而选择最佳形式，适应建筑准则，使得各种结论符合逻辑并满足常规科学性。

建筑设计创新思维是一种对客观进行发现和创造的思维模式，其主要的目标就是对现有的建筑结构和法则进行创新，从而获得更加丰富的建筑形式和功能。其设计的关键在于对层次结构的选择和创新，既要尊重逻辑性，也要利用逻辑创造非逻辑的创新，使表层和深层结构完美结合，这样才能保证创新思维是正确的。

第二节　设计场地解读组织

一、园林建筑设计中的场地分析

针对园林设计的前期阶段——场地分析的重要性，本节就场地分析中对设计要求的分析、场地的内外环境的分析、参与场地其中的不同类别的人的心理分析三个方面进行了探讨，阐明了分析阶段在园林设计过程中的重要作用，以期通过分析提高园林设计的质量、城市生态环境及人民生活环境的质量。

园林设计前期的场地分析是设计的基础。对场地的全面理解与把握、场地条件要素分析得是否深入，决定了园林设计方案的优劣。本节通过对设计要求的分析、场地的内部及外部环境的分析及人的使用角度三个方面，阐述园林设计中该如何全面、系统地把握场地分析。

（一）园林建筑设计要求的分析

通常它以设计任务书的形式出现，更多的是表现出建设项目业主的意愿和态度。这一阶段需要明确该场地设计的主要内容，该项目的建设性质及投资规模，了解设计的基本要求，分析其使用功能，确定场地的服务对象。这就要求设计者多与项目业主进行多方面多层次的沟通，深刻分析并领会其对场地的要求与认知，避免走弯路。

（二）园林建筑设计场地环境的分析

场地的环境分为内部环境和外部环境两个层面。

1. 外部环境

外部环境虽然不属于场地内部，但对它的分析却绝不能忽视，因为场地是不能脱离它所处的周边环境而独立存在的。对外部环境主要考虑它对场地的影响。第一，外部环境中哪些是可以被场地利用的。中国古典园林中的借景即是将场地外的优美景致借入，丰富了场地的景观。第二，哪些是可以通过改造而加以利用的。尽可能将水、植物等有价值的自然生态要素组织到场地中。第三，必须回避的，如废弃物等消极因素。可以通过彻底铲除或采用遮挡的手法加以屏蔽，优化内部景观效果。总之，可以用中国古典园林的一句话"嘉则收之，俗则屏之"来表达。

2. 内部环境

场地内部环境的分析是整个过程的核心。

（1）自然环境条件调查。包括地形、地貌、气候、土壤、水体状况等，为园林设计提供客观依据。通过调查，把握、认识地段环境的质量水平及其对园林设计的制约因素。

（2）道路和交通。确定道路级别以及各级道路的坡度、断面。交通分析包括地铁、轻轨、火车、汽车、自行车、人行等交通方式，还包括停车场、主次入口等分析。通过合理组织车流与人流，构成良好的道路和交通组织方式。

（3）景观功能。包括景区文化主题的分析。应充分挖掘场地中以实体形式存在的历史文化资源，如文物古迹、壁画、雕刻，以及以虚体形式伴随场地所在区域的历史故事、神话传说、民俗风情等。对景区功能进行定位，安排观赏休闲、娱乐活动、科普教育等功能区。

（4）植被。植物景观的营建通常考虑选何种植物，包括体量、数量，如何配置并形成特定的植物景观。这涉及以植物个体为元素和植物配置后的群体为元素来选择与布局。首先应该从整体上考虑什么地方该配置何种植物景观类型，即植物群体配置后的外在表象，如密林、半封闭林、开敞林带、线状林带、孤植大树、灌木丛林、绿篱、地被、花镜、草坪等。植物景观布局可以从功能上考虑，如遮阴、隔离噪声等；也可以从景观美化设计上考虑，比如利用植物整体布局安排景观线和景观点，或某个视角需要软化，某些地方需要增加色彩或层次的变化等。整体植物景观类型确定后，再对植物的个体进行选择与布局。涉及植物个体的分析有植物品种的选择，植物体量、数量的确定，及植物个体定位等。植物品种的选择受场地气候和主要环境因子制约。根据场地的气候条件、主要环境限制因子和植物类型确定粗选的植物品种，根据景观功能和美学要求，进一步筛选植物品种。确定各植物类型的主要品种和用于增加变化性的次要品种。植物数量确定是一个与栽植间距高度相关的问题。一般说来，植物种植间距由植株成熟大小确定。最后，根据各景观类型的构成和各构成植物本身的特性将它们布置到适宜的位置。在植物景观的分析中还要注意植物功能空间的连接与转化；半私密空间和私密空间的围合和屏蔽，以及合理的空间形式塑造及植物景观与整个场地景观元素的协调与统一。

（5）景观节点及游线。这里需要确定有几条主要游览路线，主要景点该如何分布并供人欣赏，主要节点与次要节点如何联系。

园林设计就是通过对场地及场地上物体和空间的安排，来协调和完善景观的各种功能，每一个场地有不同于其他场地的特征，同时对场地的各个方面的分析通常是交织在一起的，相互关联又相互制约。因此，在设计中既要逐一分析，又要全盘考虑，使之在交通、空间和视觉等方面都有很好的衔接，使人、景观、城市以及人类的生活和谐。

场地分析应用于园林规划设计的前期阶段，是对设计场地现状情况、自然及人文环境进行全方位的评价和总结。通过全面深入的分析，系统地认识场地条件及特点，为设计工作提供具体、翔实的参考和指导。此外对于设计方案文本，必要的场地分析说明对理解方案和设计意图具有重要的意义。

（三）园林建筑设计场地分析的内容及作用

场地分析是在限定了场地预期使用范围及目标的前提下进行的。场地分析过程包括从收集场地相关信息并综合评估这些信息，最终解决通过场地分析得出的潜在问题并找到解决这些问题的方法。

1.园林建筑设计前期资料的搜集

根据项目特点收集与设计场地有关的自然、人文及场地范围内对设计有指导作用的相关图纸、数据等资料。收集资料主要包括五个方面：自然条件、气象条件、人工设施情况、范围及周边环境、视觉质量。

2.园林建筑设计场地分析的主要工作

（1）对场地的区位进行分析。区位分析是对场地与其周边区域关系以及场地自身定位进行的定性分析。通过区位分析列出详尽的各种交通形式的走向，可以得到若干制约之后设计工作的限定性要素，如场地出入口、停车场、主要人流及其方向、避让要素（道路的噪声等）。此外，通过场地功能、性质及其与周边场地关系可确定项目的定位，并根据场地现状及项目要求结合多方面分析综合得出场地内部空间的组织关系。

（2）对场地的地形地貌进行分析。在设计中因地制宜并充分利用已有地形地貌，将项目功能合理地布置于场地中。地形地貌分析包括场地坡度分析和坡向分析。通过坡度和坡向分析找出适宜的建设用地，在保证使用功能完整和最佳景观效果原则的基础上尽量充分利用场地现状地形，减少对场地的人为破坏及控制工程造价。在坡向分析中应兼顾植物耐阴、喜阳等因素，在建筑布置中更要考虑建筑室内光照、朝向等因素。

（3）对场地的生态物种进行分析。分析统计场地中原有植物品种及其数量与规格。植物是有生命的活体，不但可以改善一方气候环境也是园林中展现岁月历史最有力的一面镜子。因此，通过对场地原有植物的分析，指导植物造景在尽量保留原场地中可利用植被的前提下展开，在控制工程造价的同时延续场地原有的植物环境。

（4）对场地气候及地质及水文进行分析。通过对前期收集的土壤、日照、温度、风、降雨、小气候等要素的分析，可得到与对于植物配置、景观特色以及园林景观布局等息息相关的指导标准，如自然条件对植物生长的影响，日照、风及小气候对人群活动空间布局的影响等。此外还需注意场地地上物、地下管线等设计的制约因素，对这些不利因素需要标明并在设计阶段进行避让。

（5）对场地视线及景观关系进行分析。通过对场地现状的分析，确定场地内的各区域视线关系及视线焦点，为其后续设计提供景观布置参考依据。例如景观轴线、道路交会处等区域在园林设计中需要重点处理。应充分利用场地现状景观延续区域历史文脉，即设计地段内已有、已建景观或可供作为景观利用的其他要素，如一个磨盘、一口枯井等都可以作为场地景观设计利用。场地外围视线所及的景观也可借入场地中，如"采菊东篱下，悠然见南山"即是将"南山"作为景观要素引入园内。

（6）对人的需求及行为心理进行分析。人与园林环境的关系是相互的，环境无时无刻不在改变着人们的行为，而人们的行为也在创造着环境。不同人群对周边环境有着不同的要求，因此根据场地现状资料深入分析场地潜在使用人群的需求可使设计更加人性化。不同年龄段、文化层次、工作性质、收入状况的人群，他们有各自不同的需求，而针对不同的需求所营造的景观也不尽相同。例如，园林草坪中踩踏出条条园路就是由于前期分析缺失。设计前期进行人流分析，可以帮助设计者描绘出场地中潜在的便捷道路。

（7）对场地的社会人文进行分析。通过查阅历史资料及现场问询获得场地社会人文方面信息。对场地社会、人文信息进行分析可帮助设计人员把握场地主题立意思想，为场地立意提供线索，如历史文脉和民风民俗方面的历史故事、神话传说、名人事迹、民俗风情、文学艺术作品等。而地标性及可识别性遗存也可以唤起对场地历史的追忆，如一棵古树、一座石碑或是一台报废的车床。

（8）对场地的风水格局进行分析。风水学是古人通过对环境的长期观察，总结出来的一套设计规划理论，在现代社会仍有一定借鉴意义，特别是在别墅庭院、居住小环境设计中应用广泛。例如居住区交叉道路，应力求正交，避免斜交。斜交，不仅不利于工程管线设置，妨碍交通车辆通行，而且会造成风水上的剪刀煞地段。风水民谚有"路剪房，见伤亡"的谚语，这种地段不宜布置建筑，只适宜绿化和设置园林小品、标志性设施等非居住性设施。

每个设计项目的场地现状条件都不可能与项目要求完全一致，因此在完全了解项目要求的前提下，需要依据前期收集资料对场地现状进行分析与评估，得出场地现状与项目计划及功能要求之间的适宜程度。根据场地的适宜度找出场地现状中无法满足项目要求的因素，进而在其后设计阶段通过一定方式、方法对这些不利因素进行调整。

3.园林建筑设计场地分析的意义

确定了场地空间布局、功能及区域关系。通过场地分析首先划分场的功能分区，基于不同的功能分区及分析成果组织路网、布置空间。确定了植物选种及配置依据，合理选择植物品种保证设计植物的成活率。为设计方案提供立意的思想来源，通过对人文资料的搜集，挖掘提取设计主题思想。为避免和解决场地中的不利因素提供了手段。指出了场地内的不利因素，包括不利的人工环境和自然环境，如地上及地下管线、恶劣的水环境、土质等，使设计轻松地避免这些问题，使场地自然生态、历史文脉及民风民俗的保护和延续成为可能。

二、园林建筑工程设计场地标高控制和土方量总体平衡关系

园林工程是城市改造的主要形式之一，通过自然环境的人工建立，将人们的居住环境与自然相协调，形成社会、经济和自然的和谐统一，对于社会个人来说，还增加了欣赏的价值，陶冶情操，缓解生活和工作的压力。城市环境质量的改善，除了在城市的街道进行植物和草坪的种植外，还可以在市区内进行园林工程的建设。园林工程作为一个小型的生态体系，在给人们带来自然享受的同时，也增添了艺术气息的建立，为城市节

奏生活增添了一份活力。园林工程涉及设计学、植物学、生态美学、施工组织管理等多个学科，需要根据设计图纸进行设计，要充分考虑到施工所在地的水系、地形、园林建筑、植物的生长习性等，具有全局统筹的概念，才能顺利达到设计目的。因此，园林工程管理体现出较强的综合性特点。植物种植完成后，后续的养护管理是一项持续性的、长期性的工作，养护管理不仅要保护好植物健康生长，还要合理维护园林的整体面貌，根据植物生长情况适时浇水、施肥，修建绑扎，做好环境保洁等工作，才能保证园林景观的艺术性与和谐性。景观建设是一门艺术建设工作，施工时要重点考虑小品、植物配置、古典园林等各种艺术元素，以保证园林景观的艺术性。

（一）园林建筑工程设计场地标高控制

在园林项目工程施工建设的过程中，对于场地标高的控制与优化是一个非常重要的问题，土石方的工程也是园林绿化工程中的关键环节。在园林绿化工程中，场地标高的控制与优化和土石方工程的关系非常密切，一定要严格按照规格进行设计，确保园林绿色工程的质量，使得园林项目工程顺利进行下去。园林绿色工程中土石方项目工程的设计要求一般包括：

（1）在对园林工程中平面施工图进行设计时，一定要保证施工的基本安全，还要反映出园林建筑底层总体的平面图，并且要反映出园林建筑物的主体基础和园林挡墙的关系。

（2）在设计的时候还要考虑到施工现场和周边环境进行连接与协调，要按照园林工程项目的实际情况、园林工程的难易程度、园林工程总体的平面图与平常的施工图进行设计。

（3）在进行园林工程设计的施工时，为了保证园林项目工程在施工建设与使用期间的安全，一定要达到园林工程项目的技术规范要求，保证园林工程施工现场给排水系统能够安全使用。

（4）在进行园林工程设计的时候，一定要科学合理地利用施工当地的自然条件，并且对施工现场的标高进行控制与优化，尽量满足园林项目工程的管线敷设要求与园林建筑的基础埋深的要求，保证园林项目工程的设计要求。

总而言之，我们在满足园林项目工程的景观效果与整体功能的基准之后，要尽量满足施工的安全性与经济效益最大化，进而使得场地标高得到控制与优化。当然安全施工是最重要的，在对园林工程进行设计的时候以上几条都要得以保证，并且要尽可能结合施工现场的标高控制与优化的要求，尽量减少外运并且借土回填也尽量减少。这样对于施工时的排水非常有利，还要考虑到道路的坡度、园林景观造景的需要，一定要做好园林项目工程的成本核算并对其进行控制。

（二）土石方工程在园林建筑工程设计中的意义

在园林项目工程的施工建设中，土石方工程其主要内容如下：施工现场的平整，基槽的开挖，管沟的开挖，人防工程的开挖，路基的开挖，填筑路基的基坑，对压实度进行检测，土石方的平衡与调配，并且对地下的设施进行保护等等。在园林项目工程中，土石方工程主要指的是在园林项目工程的施工建设中开挖土体、运送土体、填筑和压实，并且对排水进行减压、支撑土壁等这些工作的总称。在实际的工作中，土石方项目工程比较复杂，所涉及的项目也非常多，在施工中一定要了解施工当地的天气情况，要尽量避开雷雨天气这些恶劣天气对工程的影响，我们一定要科学合理地安排土石方工程施工的计划，要选择在安全环境下进行施工建设，还要尽量降低土石方工程的施工成本，并且一定要预先对土石方进行调配，对整个土石方工程进行统筹，一定不要占用耕地与农田等这些良田的面积，要严格遵守国家施工建设的原则与标准，一定要做好架构的项目组织，还要对相关环节进行布置，对其基础设施进行保护，对土石方进行调配与运送，对工程施工进行组织，制订科学合理的土石方工程建设施工方案。

（三）园林建筑工程设计场地标高控制和土方量总体平衡的关系

在园林项目工程施工的过程中，土石方项目工程的施工一定要严格按照施工规范进行安全施工，其技术水平一定要达到标准，对后期景观每种类型的园林工程道路标高进行控制，在施工现场表面的坡度进行平整时，一定要严格按照合理科学设计规范的要求进行设计。在施工中要尽量避免"橡皮土"的出现，以免影响到施工的进度，在自然灾害频发的季节进行施工的时候，一定要进行有效的防水与排水措施。在回填土方之前，一定要严格按照相关规定来选择适合的填料。在进行平基工作的时候，一定要确保安全施工的前提下，使用有效的措施对施工现场的周围与场内设置安全网。对斜坡要实施加固技术，一定要按照适宜的坡度在临时的土质边坡实施放坡，在填土区挖方。要尽量避免因为爆破行为破坏建筑物与构筑物基础的持力层与原岩的完整性，在实施爆破的时候一定要采取专门的减震方法，在对岩土区挖方的时候，一般情况下需要爆破的地方大部分地形比较复杂，并且岩石的硬度也比较高。园林工程土石方工程的施工建设一定要严格按照设计规范与基本要求进行设计，在园林工程土石方工程进行施工之前，一定要综合的进行平衡测算，并且保证工程质量与安全。在进行建设施工的过程中，一定要严格按照相关的技术指标参数，平衡调配一定要做好，尽量降低工程的施工量，土石方的运程一定要最短，其施工程序一定要科学合理。园林工程进行土方施工的时候，要统筹全局，并且对施工后的景观造景、园林建筑与园林道路的标高进行控制，对土方量的填挖进行总体的控制，要理论结合实际，尽量和后期项目的施工相结合。如果园林项目工程的内部土方不可以进行总体平衡，甚至将附近园林项目工程当作备选项目，一定要及时进行联系，并且提前做好准备。要尽可能将场地的标高进行控制与优化，并且要做到土方量总体平衡，要把这些有机地结合起来，尽量避免把大量的余土拉出来，避免四处借土，尽可能避免人为的原因造成的园林项目工程土石方的成本出现失控，以避免经济损失。

综上所述，在园林项目工程施工建设中，一定要严格控制施工措施，并且严格按照设计原则与施工要点进行设计，园林项目工程中土石方工程是园林项目工程中的基础环节，我们为了保证安全施工和施工进度，一定要对施工现场的标高进行控制与优化，两者一定要相互结合做好科学合理的施工方案，这些都严重影响到园林工程的质量与工程施工进度，因此，一定要对施工现场的标高进行控制与优化，并且结合土方量的总体平衡，形成良性循环，为园林项目工程的总体目标奠定坚实基础，确保园林工程的质量。

三、园林建筑工程设计用地

随着城市化的不断发展，在城市内部进行风景园林建设已经成为一种发展趋势。在进行风景园林设计时，有许多的问题是需要注意的，其中包括用地的规划、植被的选择以及景观的规划。本节通过对园林设计中设计用地进行研究和探讨，提出针对不同地势情况，在进行园林设计的时候，应该按照因地制宜的原则进行规划，并且需要保护环境。

（一）对地势平坦的园林场地设计

地势平坦是众多地形中，分布最广，也是最为常见的一种地形。作为城市中最常见的地形，在建设时，也是遇到问题最多的，需要对规划时遇到的问题进行分析，并找出解决方法。这种园林的形式都有着相同的地方：就是我们在进行园林规划的时候，对现有的园林景观以及整个城市内部的地形和地势进行了调整，而且会对整个城市内部的景观和地位进行控制和管理。那么我们在建设的时候，由于平坦地形的独特位置，需要按照国家规定的标准去进行建设。当然，为了营造出美好的画面，大多数设计人员会在这些地方设计一些明显的建筑物，赋予这个地方一个独特的特点，也就是在这些点进行一些地标的建设。

在进行平坦地形规划的时候，有许多的问题是需要注意的，设计人员需要不断地提升我们的设计规划能力以及一些标准的建设标准。那么就平坦的地形规划人员在进行建设的时候需要注意以下两点：第一，就是处理好设计的景观和已经存在的建筑物之间的关系，换句话说，我们需要对当地有特别明显的建筑物，缩小与参照物之间的距离，从而可以小范围内的减小参照物的用地，以此减少景观用地。在我国的某个园林景观中，在进行规划的时候就采用了这种方法，这个园林景观在设计之初就是以这个地方的一个纪念碑为参照物，整个园林就是突出这个纪念碑，那么在进行其他景观的设计的时候就对周边的景观和建筑物进行了缩小，以此来突出纪念碑的高大，这样的设计结果不仅减少了整个景观建设的造价，更减少了建设用地的面积。第二，我们需要对园林景观中的景观和环境进行处理，换句话说，我们在进行设计的时候，不能只顾建筑的美感而忽略了对周边环境的保护，更有甚者为了满足设计的美感，而忽略环境的保护。那么举一个成功的例子，就 2010 年上海世博会来说，在进行馆区建设的时候，都遵循了这种原则，做到了既美观又能够保护环境的原则。在众多馆园中，以贵州馆为例，这个馆在进行建设的时候，以贵州当地的景观为设计依据，对建设地方的环境进行了科学的处理，做到了景观的优美和保护环境的效果。

平地景观建设的时候需要按照以下几点进行规划和设计：①对于不能够得到有效利用的土地，我们在进行建设的时候，需要以当地的一些设计理念，对这些土地加以利用，更好地实现每一寸土地的价值。②我们在进行设计的时候，需要做好景观的美观和保护环境结合在一起。③我们可以通过科学的手段，做到既能够减少建设用地，又能够减少建设的造价。

（二）傍水园林的园林场地设计

自古以来，我国的园林建设中，以"水"为主题的景观数不胜数，傍水园林在我国的园林体系中占据主要的位置。水的利用使我国的景观中存在一种特别的韵味，它能够对周边的环境起到烘托的作用，现阶段，我国的水景观中，由于水系统的利用不合理，我们在进行管理的时候，不能够对景观进行有效的管理和控制，使我国的景观存在着一系列的问题。本书对景观中容易出现的问题进行了研究，并提出了解决措施。傍水景观中存在的问题就是两种：第一，我们设计的景观中存在着较多的建筑物，由于建筑物过多，那么我们设计的景观起到的美观作用较少。第二，就是对水资源的利用不合理，由水系统组成的景观比较复杂，不便于我们进行管理，而且会使我们设计的景观没有主题，但人们在欣赏的时候，不能够体会到景观的主题。

解决方法：①我们需要结合当地的建筑物加以分析，做到不能因为建筑物过于高大而影响了景观美化的作用；其次就是需要我们需要对当地的环境进行集中管理，做到建筑物与景观相辅相成，起到互相发展的作用。②我们需要编制水资源利用的标准，合理的利用水资源，尽可能让我们设计的水景观的作用扩大化。还有就是对旧有的水景观进行整顿和规划，并对不合理的景观进行整改。③由于当地的建筑物比较巨大，我们在进行景观设计的时候，不能够对既有的建筑物进行改造，所以我们可以运用上述的方法进行改造，换句话说就是缩小参照物。

（三）山体园林的场地设计

1. 遇到的问题

山区景观的规划一直是我们在进行园林景观设计中的难题，我们遇到的主要问题进行了分析：①对山区的空间运用不合理，由于我国的地理差异较大，山区在我国的地形中也占据着主要的地位，对山区空间的利用，也是我们在进行景观设计的时候，需要掌握的方法之一。②对山区景观的植被的安排，换句话说就是对山区的植被进行栽植不科学合理，所以营造出的氛围以及视觉效果不够明显。

2. 常用方法

针对上述问题，我们结合科学的手法进行了科学的管理和规划。对于空间问题，我们可以利用新型的软件进行设计，这样就能够使我们在设计的时候想问题想得够全面，我们还可以对发现的问题进行管理和解决，使我们的设计的结果变得更加合理，还有我们可以积极地学习西方先进国家的设计方法，使我们的设计结果越来越接近现代化。还有就是我们需要对已经建设过的山区景观进行整治，使旧的景观和新的景观结合在一起，使整个景观的安排变得合理。我们需要处理好景观的美化作用，使整个设计的结果符合设计的原意，更好地发挥景观的作用。使整个景观达到视觉与听觉的合一。

综上所述，在对园林景观进行设计时，需要结合"因地制宜"的设计和管理原则进行土地的规划和管理，同时确保设计原则符合国家的建设与规划，在保护环境的前提下，做到景观的美化。

四、结合场地特征的现代园林建筑规划设计

湖上春来似画图，乱峰围绕水平铺，松排山面千重翠，月点波心一颗珠。碧毯线头抽早稻，青罗裙带展新蒲，未能抛得杭州去，一半勾留是此湖。白居易的《春题湖上》让美丽的西湖更加家喻户晓，而西湖名胜为何如此闻名中外？它除了宣传力度的广泛外，最根本的还是它结合场地特征进行优秀风景园林规划所呈现的景色焕发着浓郁的魅力吸引着人们。而风景园林设计就是在一定的地域范围内，运用园林艺术和工程技术手段，通过改造地形，种植树木、花草，营造建筑和布置原路等途径创作而成优美的自然环境和生活，游憩境域的过程。它所涉及的知识面较广，包括文学、艺术、生物、工程、建筑等诸多领域，同时，又要求综合多学科知识统一于园林艺术之中来，使自然、建筑和人类活动呈现出和谐完美、生态良好、景色如画的境界。而现代的风景园林规划设计不仅遵循因地适宜的原则，更多地注重于空间场所的定义、园林文化的表达、新技术、新

理念的融合。

（一）空间场所的定义

西湖风景名胜是建立在其场所特征之上的，杭州位于钱塘江下游平原。古时这里原是一个波烟浩渺的海湾，北面的宝石山和南面的吴山是环抱这个海湾的岬角，后来由于潮汐冲击，湾口泥沙沉积，岬角内的海湾与大海隔开了，湾内成了西湖。由此，它三面环山，重峦叠嶂，中涵绿水，波平如镜，全湖面积约 5.6 平方公里，这三面的山就像众星拱月一般，围着西湖这颗明珠，虽然山的高度都不超过 400 米，但峰奇石秀、林泉幽美，深藏着虎跑、龙井、玉泉等名泉和烟霞洞、水乐洞、石屋洞、黄龙洞等洞壑，而西湖风景区里的诸多景点更是浑然天成，少有人工雕琢的痕迹，即使少许堆砌，也充满着自然的韵味。例如西湖中的三潭印月，它不仅是全国唯一一座"湖中有岛，岛中有湖"的著名景观园林，其三塔奇观更是全国仅有，犹如西湖中的神来一笔，让西湖更富有诗意。

（二）园林文化的表达

西湖风光甲天下，半是湖山半是园。西湖之美一半在山水，一半在人工，形式丰富，内涵深厚。精工巧匠、诗人画家、高僧大师，使园林之胜倍显妖媚。"西湖文化"最可贵的是公共开放性。在很多人的印象中，最能表达西湖文化的莫过于苏轼《饮湖上初晴后雨》"水光潋滟晴方好，山色空蒙雨亦奇。欲把西湖比西子，淡妆浓抹总相宜"。正因为有如此丰富的文化，在西湖风景区园林设计、创作方式才多种多样，灵感来源极其丰富，桃红柳绿、铺满岁月痕迹的青石板、各色的鹅卵石等与周围环境融为一体。正如巴西著名设计师布雷·马克思所说："一个好的风景园林设计是一个艺术品，对比、结构、尺度和比例都是很重要的因素，但首先它必须有思想"。这个思想是对场地文化的深层次的挖掘，只有这样的设计作品才能体现出色的艺术特质，让景点充满着生机。

（三）新技术、新理念的融合

风景园林设计的最终目标与社会生活的形式及内容之间的关系表明了熟悉和理解生活对于园林设计创作的意义，新技术的不断涌现，让我们在风景园林规划上有更多的展示空间，新技术的创造让"愚公移山"不再是几代人的接力赛，新理念的融合更让场地在保护自己特质的同时更完美地呈现艺术美。

在西湖环湖南线的整合中，始终贯穿着一个非常清晰的理念：在自然景观中注入人文内涵，增强文化张力，将南线新湖滨建设成自然景观和文化内涵有机结合的环湖景观带，成为彰显西湖品位的文化长廊。充分保持、发掘、深化、张扬其文化个性，成为环湖南线景区整合规划的核心。整合的南线一派通透、开朗、明雅、隽秀的风光，西湖水被引入南线景观带，人们站在南山路上就能一览西湖风光，南线还与环湖北线孤山公园连成一线,并与雷峰塔、万松书院、钱王祠、于谦祠、"西湖西进"、净慈禅寺等景点串珠成链,形成"十里环湖景观带"。杨公堤、梅家坞等这些已被人们淡忘的景点重新走进人们的视线:野趣而不失和谐,堆叠而不失灵动,清淤泥机、防腐木等新技术产品的广泛运用,让西湖西线杨公堤景区增添成为一道亮丽的风景线,木桩驳岸等新工艺的运用让湖岸的景观更趋于自然。

现代风景园林规划设计首先关注的是场地特征,奥姆斯德和沃克斯在 1858 年设计的纽约中央公园,当时场地还是岩石裸露和废弃物堆积的情况下,奥姆斯特德就畅想了它多年的价值,一个完全被城市包围的绿色公共空间,一个美国未来艺术和文化发展的基地。在尊重场地的本质上,经过改造,现成为纽约"后花园",面积广达 341 公顷,每天有数以千计的市民与游客在此从事各项活动,公园四季皆美,春天嫣红嫩绿、夏天阳光璀璨、秋天枫红似火、冬天银白萧索。有人这样描述中央公园:"这片田园般的游憩地外围紧邻纽约城的喧嚣,它用草坪、游戏场和树木葱茏的小溪缓释着每位参观者的心灵。"

西湖景区在杭州城市大发展的同时,在空间场所的定义、文化表达、新理念的融合上走出了坚实的一步,充分体现了其场地特征和优秀的旅游资源,让新西湖更加的景色迷人,宛若瑶池仙境。西湖之外还有好多"西湖",在现代的风景园林规划设计中只有不断地认识水平,发掘场地深层次的含义,才能创造出一个个美好的景观场所。

第三节 方案的推敲与深化

一、完善平面设计

城市化进程的不断加快,在推动人们生活水平不断提高的同时,也带来了巨大的环境污染和破坏,人们对于自身的生活环境提出了更高的要求,希望可以更加方便地亲近自然。在这样的背景下,城市园林工程得到了飞速发展。在现代风景园林设计中,平面构成的应用是非常关键的,直接影响着园林设计的质量。本节结合平面构成的相关概念和理论,对其在园林设计中实施的关键问题进行了分析和探讨。

(一)平面构成的相关概念

从基础含义来看,平面构成是视觉元素在二次元平面上,按照美的视觉效果和相关力学原理,进行编排和组合,以理性和逻辑推理创造形象,研究形象与形象之间的排列的方法。简单来讲，平面构成是理性与感性相互结合的产物。从内涵来看，平面构成属于一门视觉艺术，是在平面上运用视觉反应和知觉作用所形成的一种视觉语言，是现代视觉传达艺术的基础理论。在不断的发展过程中，平面构成艺术逐渐影响着现代设计的诸多领域，发挥着极其重要的作用。在发展初期，平面构成仅仅局限于平面范围，但是随着不断的发展和进步，逐步产生了"形态构成学"等新的学说和理论，延伸出了色彩构成、立体构成等构成技术，不仅如此，强调除几何形创造外还应该重视完整形、局部形等相对具象的形也应该适用于平面构成。

（二）平面构成在园林设计中的方案推敲与深化

在现代设计理念的影响下，现代园林设计不再拘泥于传统的风格和形式，呈现出了鲜明的特点，在整体构图上摒弃了轴线的对称式，追求非对称的动态平衡；而在局部设计中，也不再刻意追求烦琐的装饰，更加强调抽象元素如点、线、面的独立审美价值，以及这些元素在空间组合结构上的丰富性。不仅如此，平面构成理论在园林设计中的应用具备良好的可行性，一是园林设计可以归类为一种视觉艺术；二是艺术从本质上看，属于一种情感符号，可以通过形态语言来表达；三是视觉心理趋向的研究为平面构成理论提供了相应的心理学前提。平面构成在园林设计中的应用，主要体现在两个方面：

1. 基本元素的设计方案推敲与深化

（1）点的应用。在园林设计中，点的应用是非常广泛的，涉及园林设计的建筑、水体、植被等的设计构成，点元素的合理应用，不仅能够对景观元素的具体位置进行有效表示，还可以体现出景观的形状和大小。在实际应用中，点可以构成单独的园林景观形象，也可以通过聚散、量比以及不同点之间的视线转换，构成相应的视觉形象。点在园林设计中的位置、面积和数量等的变化，对于园林整体布局的重心和构图等有着很大的影响。

（2）线的应用。与点一样，线同样具备丰富的形式和情感，在园林设计中，比较常用的线形包括水平横线、竖直垂线、斜线以及曲线、涡线等。不同的线形可以赋予线元素不同的特性。

（3）面的应用。从本质上看，面实际上是点或线围合形成的一个区域，根据形状可以分为几何直线形、几何曲线形以及自由曲线形等。与点和线相比，面在园林设计中的应用虽然较少，但是也是普遍存在的。例如，在对园林绿地进行设计构造时，可以利用不同的植物，形成不同的形面，也可以利用植物色彩的差异，形成不同的色面等。在园林设计中，对平面进行合理应用，可以有效突出主题，增强景观的视觉冲击力。

2. 形式法则设计方案的推敲与深化

（1）对比与统一。对于与统一也可以称为对比与调和，其中，对比是指突出事物相互独立的因素，使得事物的个性更加鲜明；调和是指在不同的事物中，寻求存在的共同因素，以达到协调的效果。在实际设计工作中，需要做好景区与景区之间、景观与景观之间对比与统一关系的有效处理，避免出现对比过于突出或者调和过度的情况。例如，在不同的景区之间，可以利用相应的植物，通过树形、叶色等方面的对比，区分景区的差异，吸引人们的目光。

（2）对称与均衡。对称与均衡原则，是指以一个点为中心，或者以一条线为轴线，将等同或者相似的形式和空间进行均衡分布。在园林设计中，对称与均衡包括绝对对称均衡和不绝对对称均衡。在西方园林设计中，一般都强调人对于自然的改造，强调人工美，不仅要求园林布局的对称性、规则性和严谨性，对于植被花草等的修剪也要求四四方方，注重绝对的对称均衡；而在我国的园林设计中，多强调人与自然的和谐相处，强调自然美，要求园林的设计尽可能贴近自然，突出景观的自然特征，注重不绝对对称均衡。

（3）节奏与韵律。任何一种艺术形式，都离不开节奏与韵律的充分应用。节奏从概念上也可以说是一种节拍，属于一种波浪式的律动，在园林设计中，通常是由形、色、线、块等的整齐条理和重复出现，通过富于变化的排列和组合，体现出相应的节奏感。而韵律则可以看作一种和谐，当景观形象在时间与空间中展开时，形式因素的条理与反复会体现出一种和谐的变化秩序，如色彩的渐变、形态的起伏转折等。园林植物的绿化装置中，也可以充分体现出相应的节奏感和韵律感，使得园林景观更加富有活力，避免出现布局呆板的现象。

（4）轴线关系的处理。所谓轴线关系，是指对空间中两个点的连接而得到的直线，然后将园林沿轴线进行排列和布局。轴线在我国传统园林设计中应用非常广泛，可以对园林设计中繁杂的要素进行有效排列和协调，保证园林设计的效率和质量。

总而言之，在现代园林设计中，应用平面构成艺术，可以从思想和实践上为园林的设计提供丰富的源泉和借鉴，需要园林设计人员的充分重视，保证园林设计的质量。

二、完善剖面设计

本节从园林建筑创作设计案例着手，分析其独有的空间表达的同时引发对剖面本质的追问，重新审视透视法则在当代建筑设计中的意义。提出要努力营造人为的剖面空间，考虑园林建筑空间体验的复合性及关注全局考量下整体化剖面设计的意义和方法。

从希腊哥特式的金科玉律到现代主义应对社会现实的标准化，建筑长久以来自发地保持与时代特征的关联与协调。玻璃表皮和玻璃墙面的大面积使用，开始有可能将建筑骨架显现为一种简单的结构形式，保证了建构的可能性，空间从本质上被释放，为设计和创作的延续奠定了基础。伴随着人类社会的演变、城市区域的发展以及技术的进步，建筑进入当代开始呈现出独立的，时刻有别于他者的空间职能。瞬息的转变促使当代建筑师对建筑的本质做出反复的思考与追问，其中创作手段的探索也如同人们对于外部世界的认识，抽丝剥茧，走向成熟，并得益于逆向思维和全局观的逐渐养成，将设计流程对象及参照依据直接或间接地回归建筑生成的内核。剖面设计在其中逐步起到了重要的指导作用。保罗·鲁道夫认为建筑师想要解决什么问题具有高度的选择性，选择与辨识的高度最终会体现在具体的内外空间的衔接和处理中，即深度化的剖面设计。

本节将借助一对反义字样——"表—里"为引线，浅谈建筑创作中剖面空间的形成由对象的表现到隐性的达意的过程和成熟。分别从透视的剖面、人为的剖面和整体的剖面三部分论述剖面空间设计在当代建筑创作中的教益。

（一）透视剖面设计方案的推敲与深化

1."表"

传统制图意义上的剖面可概括为反映内部空间结构，在建筑的某个平面部位沿平行于建筑立面的横向或者纵向剖切形成的表面或投影。空间形式和意义的单一化导致了人们长期以一种二维的视角审视剖面，反过来对于人们的创作也造成了很大程度上的束缚。类似的，早期线性透视法作为文艺复兴时期人类的伟大发现，长久以来支配着建筑的表达。一点透视以其近大远小的基本法则成为人们简化设计思绪，力求刻画最佳效果的首选方法。然而，线性透视作为人们认识的起点，作为建筑设计的表达和思考方式似乎太过局限，一点往往可以注重灭点及其视线方向上的物景，却忽略了其他方向上景观的表达。透视从近处引入画面，向远处的出口集聚。如此，一个不同时间中发生的多重事件被弱化为了共时性的空间。进而只能针对局部描述，切断了建筑整体的联系组织，不利于设计师对于建筑设计初期的整体把握。

2."里"

中国古代画作中使用散点画法，以求达到在有限的空间中实现磅礴的意图。唐代王维所撰的《山水论》中，提出处理山水画中透视关系的要诀是："丈山尺树，寸马分人。"这其中并没有强调不同景深的事物尺度的差异。相较之下，西方绘画中十分重视景物在透视下的呈现。且不难发现西方的大场景画作绝大多数均为横向构图，与中国山水画恰好相反。这一方面体现着艺术创作中思维的差异，另一方面印证了竖版画面与赏画者感知的某种趋同。中国画中少了一些西方的数理逻辑，多了几分写意的归纳。空间纵深上的处理往往具有多个消失点，观察者不仅可以以任意的元素为出发点欣赏画作的局部描绘，同时由于画面本身环境的创设，也可以站在全局的角度产生与宏大意境的有效对话，而不受局部"不合理"的透视的束缚——艺术表现与现实的均衡。这与全景摄像技术有类似的原理，如若采用西画中"焦点透视法"就无法达到。显然，山水画中情景类似现实建筑场景的抽象，中国绘画中的散点透视法对当代建筑创作提供了启发，在更高层面要求的建构和操作上满足了当代建筑的复杂性与包容性，从而形成了很大一部分属于平面和剖面结合的复合产物，形成有别于传统功能的较为单一的创作模式与表达意图。

3. 基于内在的技术的形式表达

内在的技术表达作为形式最终生成的支撑，在建筑创作过程中起到重要的作用。在强调节能建设，提倡建筑装配式、一体化设计，关注建筑废物排放对生态环境影响的当下，技术在建筑中的协同作用越来越明显，并且可以通过有效的模拟对能源耗散系统进行优化。从剖面入手的节能原理设计可以为后期具体设备安排的再定位做好前期设想。

4. 基于全新的功能诠释

当代建筑的室内总体呈现出非均质、复合的风格和空间个性。大众社会活动的极大丰富转型和商业等消费需求的快速膨胀，催生了建筑空间的全新功能，构件（系统）逾越自身传统的特性实现属性和价值的进化：室内阶梯转化为座椅、幕墙系统架设出绿意等反映了空间与身体的互动。在库哈斯的建筑里，剖面的动线呈现出了新的特征：动线在空间中交错并置，运动的方向不再只是与剖切的方向平行或垂直，路径融于空间的不自觉中。斜线和曲线的排列加强了斜向空间的深度，且没有任何一个方向是决定性的，但仍然是有重点、有看点的。美国达拉斯韦力剧院通过剖面的设计实现对传统空间层级划分和使用概念的颠覆，建筑师通过对场所的解读和传统剧场流线运作的反思从剖面的视角创新并实现"层叠""底厅"的理念引起了极大的关注，赢得了"世界第一垂直剧院"的美誉。

5. 基于公众认知和社会文化内化的需求

公众的认知水平直接影响着社会的整体素质和社区生活的价值观，也决定着民众对建筑空间的接受和解读程度。建筑最根本地发生在人们的观念之中。社会文化等长期以来形成的"不可为"的观念及意识形态，同样给予人们包括设计师以影响。剖面空间的设计可以很好地深入建筑的内部，立体地斟酌适合社区环境和对可视化要求下人们所认同的空间尺度形态的调整与延续。

（二）人为剖面设计方案的推敲与深化

1. "表"

为何要提出人为的剖面？何为"人为"？这依然要返回到最原初的那个问题，即何为剖面，剖面与立面的区别在哪里。这里首先论述"表"的问题。传统剖面设计是被动的，是平面和立面共同生成的自然而然的结果，并没有自主性，即在剖面设计中没有或鲜有设计师的专门参与。传统剖面分析也仅仅是基于建筑某一个或几个剖切点的概括性剖面，少有细化到每一楼层或房间，剖面设计成为一直以来被遗忘的领域。然而结构形态的变形扭曲、材料透明性交叠下的多重语境、流线的复合和混沌等都彰显着当代建筑空间复杂化、空间多维化的趋向，要求我们能够以全面的动态的视角分析建筑的特征和意义，而非仅以某种剖切前景下的类似立面图形予以表达。西方当代建筑实践在剖面化设计中更为突出与激进，并表现在具体作品中。

2."里"

"人为的"在关键词中被译为"manner"，意为"方式，习惯，规矩，风俗"等。人作为使用者体验建筑，同时受制于建筑自身的条件与管理。人为的剖面意在表达创造一种有条件的剖面，这种有条件是以人的需求为立足点的，同时顺应人在建筑中体验交互的行为方式，人们日常的生活习惯、传统的风俗和规矩所养成的意识以及态度。这种剖面空间的创作从一开始便是夹杂着唯一性的，至少是具有针对性的。任何空间最终都不可能以期完美地解决所有问题，对于所谓的通用空间或是公共场域往往抱有过多的期望，以致走向了对空间智能认识的极端而产生偏差。清楚地说，就是要利用这些限制条件和要素做出针对性的定义。在实际体验中，人们很少以俯瞰的角度观察事物，也正契合了剖面设计是一种人眼的角度的在位设计。在建造技术日趋成熟以及人们对于建筑的空间认知逐渐转变的当下，形态、结构或者功能的挑战在很大程度上都可以通过过往经验协调处理，而我们在设计的思路和模式上应该更加关注具体的（并非抽象的）人群在具体空间中的使用可能，结合前期的具体数据并最终做出理性的判断和最优化的设计决策。

立面相较剖面更注重外部空间界面的效果及建筑体量特征的界定，而剖面则更关注建筑内部各部分空间的结构与关系（楼层之间的或是进深向度上的）。立面在现实状态下是透视状态下的立面场景，加之近几年对于外表皮研究的升温，建筑外立面的整体性与不同朝向的连贯性得以强调与优化；同样由于幕墙界面的大规模运用，建筑内部结构与外部表皮的分离导致了设计模式的调整，进而剖面空间的行为景象呈现出从建筑内剥离外渗出来的趋势。内部被连续完整地呈现出来：SANAA一直以来都在寻求和探索建筑与环境的最大限度融合，运用无铁玻璃和高度纤薄的节点处理最大限度减少室内外景观对视的差异，模糊了物理和心理上的边缘感，最终落脚在人们室内的具体行为活动及其交互的景象。建筑立面被淡化了，剖面取代了立面。建筑空间的层次性在透明表皮下得到了更为强烈的剖切呈现，外表对于外环境的反射和吸纳产生了现象化的矛盾。剖面不再仅仅是建筑室内构件剖切状态下的符号化表达，演变成可以表现建筑空间整体形态以及产生与周边环境的微妙对话。

（三）整体剖面设计方案的推敲与深化

传统建筑创作设计总体呈现出较为程式化、独立化，与周边环境不追求主动对话的特征，归根结底，仍然是由技术主导的空间模式所造成的局限。建筑的总体形制和体块布局也可简化为立方体的简单组合和堆砌以适应明晰的结构和经济合理的要求。因而，即使是进行有意识的剖面设计或是借助剖面进行前期场地与建筑的分析，也很难实现深度化细节化的成果表达，一如现代建筑旗手格氏致力于表达的概念：建立一个基座，并在其上设置一系列的水平面，剖面设计长期受到忽视也再正常不过了。

1. 可达性

可达性是必要的。空间中的可达性从表象上大致包括基于视觉的图像信息捕捉和建立在触觉条件下的系列体验。它的存在使得建筑的体验者与建筑界面之间保有空间的质量，始终维持着建筑的解读者对于空间的再认识并最终确立着建筑终究作为人造物的实体存在性。在当代建筑中，距离不定式的空间性格表现得更为彻底和一致。建筑由现代进入当代，实现了时间轴上的进化，同时不断地在适应新时代的态度。Marco Diani 将其总结为：为克服工业社会或是当代社会之前时代的"工具理性"和"计算主导"的片面性，大众一反常态，越来越追求一种无目的性的，不可预料和无法准确预测的抒情价值。体验性空间中真实与虚拟并存，Cyberspace 中人机交互式的拟态空间为触觉注入了全新的概念，感知信息的获取和传达不再受距离尺度的限制，时间取得了与空间的巧妙置换。共时性视角下三维的剖透视逐渐成为特别是年轻一代建筑师图示意向的首选，信息化浸淫下的建筑与城市空间逐渐被关注与探讨。

2. 真实的剖切

整体化剖面设计中"真实的剖切"成为空间中可达性与认知获得感的落脚点。提出真实的剖切在于再次思考剖面的含义和剖切的作用。剖面一直以来都不是以静态的成图说明意图的，而应至少是在关联空间范围内的动态关系，剖面可以转化为一系列剖切动作后的区域化影像，避免主观选择性操作产生的遗漏。建筑项目空间的复杂度和对空间创作的要求决定了具体的剖面设计方法与侧重：例如可以选择建筑内部有特征的行为动线组织动线化的剖切，如此可以连续而完整地记录空间序列影像在行为下的暂留与叠显，抑或是进行"摆脱内部贫困式"的主题强化的剖切。选择性剖切的好处在于能够有效提炼出空间特质，具有高度相关性和统一性，进而针对其中的具体问题进行真实的解决，也便于进行不同角度的类比，为空间的统一性提供参照。同时，可以有效地避免在复杂空间中通过单一的剖切造成的剖面表达的混乱。事物的运动具有某种重演性，时间的不可逆的绝对性并不排斥其相对意义上的可逆性，空间重演、全息重演等也为空间场景的操作保留了无限的探索前景。实体模型的快速制作与反复推敲以自定义比例检验图示的抽象性，避免绘图的迷惑与随意，建筑辅助设计也为精细化设计保障了效率，建筑空间真实性的意义得以不断反思。真实的剖切是立足于整体剖面设计基础上的空间操作，是更为行之有效的剖切方法，也是对待建筑空间更为实际的态度。

真实的剖切优化了城市中庞杂的行为景观节点。外部立面长久以来的设计秉持将逐渐形成与室内空间异位的不确定性；同时，建筑室内活动外化的显现依然在不断强调其与城市外部空间界面的融合，进而必然催生剖面和立面的一体化设计，创造出室内与室外切换与整合下的全新视野。

剖面设计是深度设计的过程并一以贯之。空间的革命、技术的运用、构件的预制等都为当代建筑在创作过程中增添了无限内容和可能，也为相当程度作品的涌现创造了条件，甚至 BIM 设计中也体现了"剖面深度"的概念和价值，相关学科技术的协同发展同样不断推进、影响着人们对于建筑的解读。剖面设计作为人们长期实践中日趋成熟的设计方式和方法，值得设计师们继续为其内涵和外延做出探索。

三、完善立面设计

随着社会主义市场经济的快速发展，现代化信息技术的不断进步，这在一定程度上推动我国园林建筑行业的发展，并随之呈现出逐步增长的趋势。尤其是最近一段时间，我国园林建筑立面设计也得到广泛发展和应用，其作为建筑风格的核心构成要素，会直接和外部环境有着密切相关的联系，而且还加深了人们对建筑风格的认识。本节主要是对新时代下园林建筑立面设计的发展展开的研究，并同时对其创新也进行了合理化分析。

伴随国民经济与科学技术的迅猛发展，我国建筑立面设计迎来发展的高峰时期。可随着城市化进程不断加快、物质文化水平的普遍提高，人们也开始对建筑立面设计提出更严格的要求。它主要是指人们对建筑表面展开的设计，而对应的施工单位就可依照设计要求来进行施工，其目的就是为建筑美观，同时起到防护的作用。

（一）建筑立面设计方案的推敲与深化

1. 立面设计的科学性

在大数据时代，由于经济社会发生巨大变革，人们不自觉对居住环境提出更高的要求，在满足居住安全的同时，还要求舒适。其主要原因就是因为社会大众的审美观念得到进一步提升，为适应新的设计结构，就必须设计出新颖的作品，但又不允许设计的作品太过于花哨，怕其破坏建筑立面的设计效果。现在部分区域为满足市场要求，会在立面上安装空调，或者其他，导致设计的整体性被破坏，最重要的是，还导致立面设计无法达到其根本要求。

2.建筑立面设计的时效性

不管是哪一种建筑物在进行建筑时都不能忽略其使用寿命，尤其是当今时代的立面设计，更不能偏离该角度来展开设计。而且在设计建筑平面时，必须要做到合理有效，这就需要从当地区域的环境因素着手，并以经济效益作为基础，以展现时代文化作为立面设计的核心内容，使其建筑立面的设计可以与自然环境、社会环境以及人文环境保持一致，这样一来，就能起到意想不到的效果。当然，为提高建筑立面的耐用性，设计师必须多运用质量好的施工材料，并同时制订出独具特色的设计方案。例如，人们都喜欢夏天住在天气凉爽的地方，相反，在冬天，就喜欢住在暖和的室内。依据上述情况，就可选取一些高质量的材料进行设计，以便起到调节温度的作用。

（二）新时代背景下建筑立面设计方案的推敲与深化

1.建筑立面设计与社会需求方案的结合

在当今时代，当人们在观察多种多样的工程时，最先展现在人们眼前的就属建筑立面，尽管传统的设计更趋向于古典，但其设计方案却比较简单，只是单方面从颜色与结构上对其展开设计，根本无法真正发挥其重要作用。也就是说，建筑立面设计必须顺应时代发展潮流，并不断对立面设计展开创新，使其更符合社会发展要求。再加上，经济全球化，各施工单位为满足经济利益的发展要求，就必须适应当今时代的发展要求，设计出一系列的建筑作品。当然，最吸引人们眼球的就是建筑物的外观，只有将其和实际要求结合在一起，并尽最大努力去满足这一基本要求，就能在激烈的市场竞争中获取竞争优势，满足市场发展的基本要求。而且，还可以满足节能环保这一基本要求。当在进行设计时，必须自始至终把握好时代发展内涵，不断在创新过程中谋得发展地位，以便更好地将节能环保理念融入设计过程中，使其可以完美展现设计作品。当制定设计方案时，就需要在新的设计环境中展现其创新思想。

2.建筑立面设计与科学技术方案的结合

随着信息技术的快速发展，我国互联网技术也得到了进一步发展，这表明，以前的设计思想与理念已远不能适应时代发展要求。因而，设计师必须事先制定出设计方案，并同时将所有成功的案例和时代结合在一起，整理好，便于不断对立面设计进行创新。尤其是在新时代背景下，就更有必要设计出多样化的作品。而且，是在高质量施工材料被研发出来以及人才大幅度增加的基础下，都可以为时代的发展奠定物质基础，除此之外，计算机技术的广泛运用，也能为建筑设计提供新的手段，这样一来，就更加有助于设计人员设计出更好的作品。

（三）建筑细部设计方案的推敲与深化

1.形式与内容统一

建筑主要可以给居民提供好的居住环境，建筑主要是为了给居民提供实用又兼具美观的居住环境，建筑的美观感受跟设计师的建筑理念是有关系的，在对建筑的外观进行设计的时候就需要建筑设计师以美观为主进行建筑的设计。其实建筑的设计也是考验一个人的细心程度，建筑师想要从艺术方面出发，找到建筑设计中可以突出艺术的东西，然后再进行设计，但是从艺术方面出发的概念并不是全部都以艺术为主，为主的应该是建筑，设计一个圆形的房子如果只有圆形这个元素，那么很难成为一个建筑，因为最起码建立在地上的筹码都没有，就不能称为建筑，虽然有美观的成分在里面，但是却没有实用的成分在里面。这个跟细部设计其实是有关系的，主要建筑除了艺术形式外，最重要的就是细部设计了，细部设计相当于是结构，而建筑物本身的艺术性相当于内容，建筑物要保证的特点就是形式与内容统一，这样建筑出来的东西才会实用。以一栋建筑物为例，一栋建筑物中的房子类型其实应该是差不多的，至少形式方面差别不大，总体的内容也差不多，两者都是维持相互统一的状态。

2.部分与整体结合

整体指的是建筑物本身，建筑物本身需要保证它的整体性，整体性当中包含了特别多的部分，部分也就是建筑的细部设计，建筑的细部设计是充满艺术形式的部分，这部分同时也构成了完整的建筑个体，建筑物当中整体的框架结构跟细部的细节处理其实是分不开的，两者只有在一起的时候才能凸显出建筑总体的美观性，所以有的人只注重建筑的总体形象不注重建筑的细节处理，而有的人只注重建筑的细节处理而不注重建筑的总体形象，这都是发展建筑行业中的大忌，建筑行业没有办法可以自己得到稳定的发展，不能保证部分与整体相结合，这就容易造成建筑的结构涣散，建筑结构总体就给人一种涣散的感觉，那么住进去的人对房子的感觉不好，居住效果也就会大打折扣。

3.细部设计

（1）秩序。一般在进行细部设计的时候，都会在其中添加很多个点，这些标记的点都是为了让建筑物的结构更加稳固，至少在视觉上来看，该建筑物的样子是凝固在一起并且是特别有力量的；线和点的作用也如出一辙，都是为了更好地凸显出该建筑物的建筑感觉，更有立体感；与此同时，加上面的参与，就让建筑设计不再只是单纯的平面设计，而晋升为三维设计，让平面充当建筑的一部分然后进行设计的好处就是可以有身临其境的感觉，在设计建筑物的时候就会更有想法，至少加入界面能够直观地感受到建筑建造完成之后给人的一个感觉。点、线、面是建筑设计中的三要素，如果要考虑细部设计，要想以此体现出建筑的精致，那么合理并且充分地运用到点、线、面是最好的办法，并且运用点、线、面还能够保证细部设计的秩序，这才是在进行建筑物的细部设计工作当中最重要的，光是有了要求不去执行那么是绝对没有任何帮助的；靠对建筑细部进行设计来突显出外观的精致性还是特别有可能的。

（2）比例。高层建筑的建造设计工作中，最让设计师头疼的东西就是比例，任何东西都是有比例存在的，建筑物也一样，建筑物的比例是建筑物在建设过程中最应该去考虑的问题。很多别出心裁的工程师对建筑物进行比例设计时才会发现建筑物的比例设计得怎么样，就大概决定了这个建筑的发展动向，因为普遍在进行建筑物比例设计的时候没有建筑设计的意识。比例算是建筑物的灵魂，比例支撑着整个建筑物的骨架，因为建筑物最核心的部分就是骨架的建立，没有对建筑物的基层进行加固，没有对它的钢筋框架进行加固，那么这个建筑物其实倒塌的危险还是存在的，建筑物一旦倒塌，那么所有的工作也就功亏一篑得不偿失，这还不如在进行建筑的设计时，就把建筑比例放在首位，把建筑细节的设计放在首位，这样才能更好地建造出一个安全的建筑，方便给居民们提供好的居住环境。

（3）尺度。既然是高层建筑，那么人们站在建筑底下看建筑上面是怎么样的形态，整个建筑物给人带来的直观感觉也就算是这个建筑物本身的创意了。如果本身建筑物十分在意尺度这个问题，并且能够根据这个尺度来进行房屋的建设，那么最后建造出来的建筑物绝对就是尺度截然不同但是都给大家好的生活体验的房子，同时也促进了建筑行业进行发展，建筑行业在总体进行发展的时候也就会看重建筑尺度的重要性，然后不断进行尺度的测量研发，提出更多的细节设计方案，总体让建筑物在细节上略胜一筹。

第四节　方案设计的表达

在建筑的全生命周期里，建筑设计是位于前端的重要环节。如果一个建筑项目在设计阶段的方向失衡，其结果将影响到所有后续工作的进行。建筑设计并非建筑师单方面的工作，也不是单方向作业，而是由设计方和投资的开发者合力推动的团队作业。在整个建筑设计的过程中，设计方必须定期跟业主方会商，向对方诠释阶段性设计内容，进行讨论研商并根据双方达成的共识对设计内容和方向进行调整。

一、二维和三维演示媒体

提出设计方案的时候，设计方需要对设计内容做清晰地描述，让对方能够明确认知设计意向和具体设计内容，选用的传达媒介要能避免双方对设计内容产生认知差距。以往的年代里，建筑师别无选择只能由传统二维图纸作为表达媒介物。这种平立剖面建筑图是一种符号化的图面，在具备从二维演绎三维能力的建筑专业人员之间沟通无碍。可是对于可能未曾受过建筑专业教育的投资方和一般民众而言，要从这种投影式的图里面理解三维空间具体的形体信息的确有相当难度，也必然会造成双方对设计内容的认知差距，直接影响到双向沟通和信息回馈。

现代电脑科技，提供了发布建筑设计方式的多样性选择，我们可以从二维或三维两种演示形态中选择不同的媒体来描述建筑空间。所谓"二维媒体"指的是由轴向投影表述建筑空间，包括传统的平立剖面建筑图，比较适合用在建筑专业人员之间的沟通。

所谓"三维媒体"指的是直观的描述三维空间建筑形体信息，包括三维空间建筑实体、虚拟的三维空间视景、动态模拟演示三维空间，以及通过虚拟实境技术让观众进入虚拟的建筑空间感受设计的具体内容。

传统的三维表述方式是制作缩小比例的实体建筑模型或画出建筑透视图。实体模型受限于比例尺和制作技术无法充分描述建筑物的细节，比较适用于建筑体量表述或评估，加上只能从鸟瞰角度观察模型，难以从我们习惯的视觉角度来诠释建筑空间。因此在电脑如此普及的今天，我们对于三维表述方式可以有更好的选择 [3]。

二、建筑透视图

建筑透视图能够自由地从各种仰视或俯视视角模拟观察建筑物，弥补了实体模型只能从高角度观察的缺憾。透视图可以巨细弥遗地表现建筑设计的细节和光影，能让我们经由"视觉印象再现"的方式认知某个方位建筑空间的形象。

昔日，受限于计算机渲染软件的专业性操作性以及难以负担的高价位硬件，对于这种拟真程度 (Photo Realistics) 比较高的建筑透视图，大部分设计公司或事务所都只能委托外面的专业透视图公司代为制作，在时间上和金钱上花费不小。因此大都只用在建筑设计完成后的正式发布上，并且通常只提供少数几张透视图，展现的是几个特定方位的建筑空间形象，透视图未能涵盖的部分则需由大家自行揣摩想象。

只用少数几张透视图来发布设计方案，从建筑设计表达的角度来看其完整性是远远

---

3 裴小勇 . 浅谈景观建筑在园林设计中的应用 [J]. 中国新技术新产品，2016(11).

不足的。其次，由于这种透视图多半用于商业广告范畴，在其影像后制作过程里面，经常被制作者有意无意地对周围环境做过度美化，甚至为了观视效果改变太阳光影的方位，致使透视图在建筑表现上有些脱离现实。这都导致留下太多凭借想象的灰色地带，很容易产生错误认知。从一般房屋销售广告文案中，留意那些画得美轮美奂的透视图，在图的下端都附有一行印得特别细小的免责声明，我们就可以看出其中的端倪。

如今，应用 Sketch Up 即时成像的 3D 影像技术，从设计起始直到完成阶段，我们随时在电脑屏幕画面上都能看到建筑空间任意角度的透视影像，从 Sketch Up 直接显现的透视影像虽然不如商业透视图那样光鲜亮丽，但是利用 Sketch Up 可以随时输出各种方位的场景影像，甚至输出动态模拟演示让观众体验身临其境的视觉感受。建筑空间效用上直观的视觉描述消除了只能凭借想象的灰色地带。以 Sketch Up 在短短数年之内迅速普及的现况来看，未来把 Sketch Up 应用在建筑设计上作为主要设计工具将会是可以预见的趋势。

前面说过设计者必须主动向外表达建筑设计的设计意向和实质设计内容，也就是所谓的 Presentation。表达的时机可能是在设计过程中，建筑师在跟建筑项目投资方之间定期举行的设计讨论会上。也可能是完成设计以后，建筑师向建筑项目投资方总结设计成果或者是对外发布完整的建筑设计陈述。

应用直接操作三维空间的建筑设计方法，在各个阶段的设计表达方式上我们有好几种选择，包括静态影像、动态模拟演示、虚拟实境等，当然也包括类似于传统方式的平立剖面投影影像。其中最常被使用的方式，是以直观的静态影像诠释建筑设计内容，我们经由 SketchUp 建立三维模型，可以随时输出多个方位的场景影像，让观众经由视觉印象了解设计内容。如果时间上有宽容性和设计费相对宽裕，可以使用动态模拟演示的方式做更清楚的表达。以设计者的立场，必须顾及时间成本的支出。

未来当虚拟实境软硬件技术臻于成熟，能对复杂的建筑模型进行高速即时运算以及流畅的显示动态空间的时候，我们预见建筑业会及时接纳虚拟实境应用技术，届时在建筑设计发布方式上，虚拟实境将取代动态模拟演示成为主流的发布工具。接下来我们将对这些跟建筑设计表达相关的做法和技术做进一步说明。

三、从Sketch Up输出场景影像

有两种方式可以从 Sketch Up 输出建筑模型的场景影像，第一种方式是直接把模型的场景输出成影像，另一种方式是对场景进行渲染输出成"拟真影像"（Realistic Image）。从两种方式输出的影像画面表现有些差别，适合应用的场合和产生的效益也有

些不同。(注：Render 有两个中文译名："渲染"和"彩现"，简单地说是电脑对影像显示的运算过程，本书中使用渲染。)

从 Sketch Up 直接输出的影像，由于沿用 Sketch Up 包含物体边线轮廓的显示模式，与真实世界里看不到物体边线的视觉印象有些不同。而且 Sketch Up 目前版本尚不具备光迹追踪 (Raytrace) 或交互反射 (Radiosity) 等典型渲染功能，除了单一的太阳光源之外也没有内建人造光源 (Artificial light) 功能，输出的影像无法显现物体光滑表面的反射效果以及光线交互反射呈现的渐层光影。致使有些看惯了经由渲染器 (Renderer) 渲染影像的人感觉不习惯，因而负面评断 Sketch Up 的可用性。其实这是一种因为认识不清而产生的逻辑性谬误，我们使用 Sketch Up 的目的是把它用作强而有力的设计工具进行建筑设计，并非利用它去构建模型制作建筑透视图。

运用 Sketch Up 在虚拟的三维空间里面构筑建筑模型，不论在设计过程中或设计完成后，我们随时可以从这个模型快速输出各种角度各种范围的影像，也可以输出不同表现风格的影像，比傻瓜相机还要好用。这是 Sketch Up 最大的威力之一，让我们完全有机会凭借人类熟悉的视觉印象去阐述建筑空间。

真实世界中建筑物的墙面、地面和其他表面上都嵌装着饰面材料，这些饰面材料的材质和颜色都是建筑设计不可分割的部分。如果在设计过程中设计者不设计装饰材料，或只看着一小块巴掌大的材料样品凭借经验或臆测来指定材料，老实说那是不负责任的做法。要知道室外自然光线会随着季节或时间而经常改变，在不同天气的自然光线映照下，建筑物的表面色彩和质感绝对不会跟那小小一块干净的样品相同。

第六章　生态建筑仿生设计

第一节　生态建筑仿生设计的产生与分类

一、建筑仿生设计的产生

　　建筑仿生是建筑学与仿生学的交叉学科。为了适应生产的需要和科学技术的发展，20世纪五六十年代，生物学被引入各行各业的技术革新，而且首先在自动控制、航空、航海等领域取得了成功，生物学和工程技术学科结合渗透从而孕育出一门新生的学科—仿生学。1960年9月美国空军航空局在俄亥俄州的戴通召开的第一次仿生学会议标志着仿生学作为一门独立学科的诞生。在建筑领域里，建筑师和规划师也开始以仿生学理论为指导，系统地探索生物体的功能、结构和形象，使之在建筑方面得到更好地利用，由此产生了建筑仿生学。这门学科包含了众多子学科，如材料仿生学、仿生技术学、都市仿生学、建筑仿生细胞学和建筑仿生生态学等。建筑仿生学将建筑与人看成统一的生物体系—建筑生态系统。在此体系中，生物和非生物的因素相互作用，并以共同功能为目的而达到统一。它以生物界某些生物体功能组织和形象构成规律为研究对象，探寻自然界中科学合理的建造规律，并通过这些研究成果的运用来丰富和完善建筑的处理手法，促进建筑形体结构以及建筑功能布局等的高效设计和合理形成。

　　建筑仿生设计是建筑仿生学的重要内容，是指模仿自然界中生物的形状、颜色、结构、功能、材料以及对自然资源的利用等而进行的建筑设计。它以建筑仿生学理论为指导，目的在于提高建筑的环境亲和性、适应性、对资源的有效利用性，从而促进人类和其生存环境间的和谐。在建筑仿生设计中，结合生物形态的设计思想来源深远，与建筑史有着紧密的联系，它为建筑师提供了一种形式语言，使建筑能与大众沟通良好，更易于接受，满足人们追求文化丰富性的需求。建筑仿生设计还暗示着建筑对自然环境应尽的义务和责任，一栋造型像自然界生物或是外观经过柔和处理的建筑，要比普通的高楼大厦或是方盒子建筑更能体现对环境的亲和，提醒人们对自然的关心和爱护。

二、建筑仿生设计的分类

建筑仿生设计一般可分为造型仿生设计、功能仿生设计、结构仿生设计、能源利用和材料仿生设计等四种类型。造型仿生设计主要是模拟生物体的形状颜色等，是属于比较初级和感性的仿生设计。功能仿生设计要求将建筑的各种功能及功能的各个层面进行有机协调与组合，是较高级的仿生设计。这种设计要求我们在有限的空间内高效低耗地组织好各部分的关系以适应复合功能的需求，就像生物体无论其个体大小或进化等级高低，都有一套内在复杂机制维持其生命活动过程一样。建筑功能仿生设计又可分为平面及空间功能静态仿生设计、构造及结构功能动态仿生设计、簇群城市及新陈代谢仿生设计等。结构仿生设计是模拟自然界中固有的形态结构，如生物体内部或局部的结构关系。结构仿生设计是发展得最为成熟且广泛运用的建筑仿生分支学科。目前已经利用现代技术创造了一系列崭新的仿生结构体系。例如，受竹子和苇草的中空圆筒形断面启发，引入了筒状壳体的运用，蜘蛛网的结构体系也被运用到索网结构中。结构仿生可以分为纤维结构仿生、壳体结构仿生、空间骨架仿生和模仿植物干茎的高层建筑结构仿生四种。能源利用和材料仿生是建筑仿生设计的新方向，由于生态建筑特别强调能源的有效利用和材料的可循环再生利用，因此它是建筑仿生设计未来的方向。

第二节　生态建筑仿生设计的原则和方法

一、建筑仿生设计的原则

（一）整体优化原则

许多在仿生建筑设计上取得卓越成就的建筑师在设计中都非常强调整体性和内部的优化配置。巴克敏斯特·富勒集科学家、建筑师于一身，很早就提出："世界上存在能以最小结构提供最大强度的系统，整体表现大于部分之和。"他执着于少费多用的理念创造了许多高效经济的轻型结构。在他的思想指引下福斯特和格雷姆肖通过优化资源配置成就了许多高科技建筑名作。

（二）适应性原则

适应性是生物对自然环境的积极共生策略，良好的适应性保证了生物在恶劣环境下的生存能力。北极熊为适应天寒地冻的极地气候，毛发浓密且中空，高效吸收有限的太阳辐射，并通过皮毛的空气间层有效阻隔了体表的热散失。仿造北极熊皮毛研制的"特隆布墙"被广泛地运用于寒冷地区的向阳房间，对提升室内温度有良好的效果。

（三）多功能原则

建筑被称为人的第三层皮肤，因此它的功能应当是多样的，除了被动保温，还要主动利用太阳能；冬季防寒保温，夏季则争取通风散热。生物气候缓冲层就是一种典型的多功能策略，指的是通过建筑群体之间的组合、建筑实体的组织和建筑内部各功能空间的分布，在建筑与周围生态环境之间建立一个缓冲区域，在一定程度上缓冲极端气候条件变化对室内的影响，起到微气候调节的作用。

二、建筑仿生设计的方法

（一）系统分析

在进行仿生构思时，首先要考虑自然环境和建筑环境之间的差别。自然界的生物体虽是启发建筑灵感的来源，却不能简单地照搬照抄，应当采用系统分析的方法来指导对灵感的进一步研究和落实。系统分析的方法来源于现代科学三大理论之一——系统论。系统论有三个观点：①系统观点，就是有机整体性原则；②动态观点，认为生命是自组织开放系统；③组织等级观点，认为事物间存在着不同的等级和层次，各自的组织能力不同。元素、结构和层次是系统论的三要素。采用系统分析的方法不仅有助于我们对生物体本身特性的认识与把握，同时使我们从建筑和生物纷繁多变的形态下抓住其共同的本质特征，以及结构的、功能的、造型的共通之处。

（二）类比类推

类比方法是基于形式、力学和功能相似基础上的一种认识方法，利用类比不仅可在有联系的同族有机体中得出它们的相似处，也可从完全不同的系统中发现它们具有形式构成的相似之处。一栋普通的建筑可以看成生命体，有着内在的循环系统和神经系统。运用类比方法可得出人类建造活动与生物有机体间的相似性原理。

（三）模型试验

模型试验是在对仿生设计有一定定性了解的基础上，通过定量的实验手段将理论与实践相结合的方式。建立行之有效的仿生模型，可以帮助我们进一步了解生物的结构，并且在综合建筑与生物界某些共同规律的基础上，开发一种新的创作思维模式。

第三节　生态造型仿生设计

在大自然当中有许多美的形态，如色彩、肌理、结构、形状、系统，不仅给我们视觉的享受，还有来自大自然的形态模仿给予我们的启发。建筑师们对自然景观形态的认识，不断地丰富着建筑的艺术造型，因为住房环境需求在不断地提升和变化，建筑造型的要求也在不断地增加，对自然界的美丽形态进行观察和利用，大自然拥有建筑造型取之不竭的资源，进而我们的生活和大自然之间的联系就更加的紧密。

一、仿生建筑的艺术造型原理

有一些鸟使用草和土来建造鸟巢的方式和很多民族建筑的风格相似。建筑学家盖西认为造型形态体现的方式就是聚合、连接、流动性、对称、透明、凹陷、中心性、重复、覆盖、辐射、附加、分开和曲线等。

（一）流动性

这是动态的曲线与自然界之间的密切联系。例如，在动物进行筑巢的时候，更加倾向于曲线的外形。这就体现出动物对出于本能的将其内部的空间和其活动与生活习性之间的结合。这种运动和空间之间的联系，就注定了不同物种在构建隐身的地方有丰富的曲线，就像日本的京都音乐厅，由曲线来制作玻璃幕墙，可以说是曲线建筑的代表之作。

（二）放射性

这就和辐射感类似，由中心圆辐射不完整的线条。例如，叶脉和植物中叶片的线条、鸟类的尾部和双翼、孔雀开展的屏。在很大程度上都对建筑组合和建筑装饰造成了影响。美国的克莱斯勒大厦屋顶的装饰，就是运用了辐射建筑的装饰方式，美的广泛性原则，就是能够体现出建筑形态和自然形态的相似性，能够对建筑物模仿生物艺术造型的必要性进行充分的体现。

（三）循环普通的规律和原理

例如，贝壳的外形，经过研究我们可以知道，导致美学遐想主要是由于贝壳美丽的外形。一个建筑物的设计，不管是其形式美，还是功能建筑与自然界许多生物相似。在自然界当中很多物种为了能够生存下去就需要对自身的美进行展示，展示其形态和绚丽色彩。因此，能够辩证的认为"真"和"美"的关系就是"功能和形态"的关系。在建筑进行仿生设计的时候，功能和形态结构也有着相似的关联，生物体当中的支撑结构功能和建筑物当中的支撑部分功能是一致的。一般的支撑结构需要符合美学功能相同的需求，只有使用合理，拥有正常的生态功能，仿生建筑结构的美感才可以得到真正地体现，实现"真"和"美"的和谐。

如今的社会发展迅速，越来越多的人整天游走于繁忙的工作中，人们面临巨大的生活与工作压力，人们渴望山川，渴望河流，渴望与大自然的亲密接触，所以仿生建筑应运而生，并迅速地获得了人们的欢迎。仿生建筑的造型设计来源于自然与生活，通过对自然界中各种生物的形态特性等进行研究，在考虑相应自然规律的基础上进行设计创新，进而使得整个仿生建筑与周围环境能够实现很好的融合，也能保证仿生建筑的相应性能，还能满足人们对于自然的追求与向往。

二、仿生建筑造型设计的类型

（一）形态仿生的建筑造型设计

所谓形态仿生指的是从各种生物的形态方面，大到生物的整体，小至生物的一个器官、细胞乃至基因来进行生物的形态模拟。这种形态仿生的建筑造型设计是最基本的仿生建筑造型设计方法，也是最常见、最简便的仿生建筑造型设计方法。这种形态仿生的造型设计有很多的优点，一方面由于设计外形取材于生物，所以能够很好地与周围的环境融为一体，成为周围环境的一种点缀，弥补了水泥建筑的不足，而且某些形态设计能很好地反映出建筑的功能，给人一种舒适感。另一方面，建筑设计仿造当地特有的植物或者动物形态，对当地的环境人文特色等有很好的宣传作用，能够让人从建筑中感受到这个地方的自然之美与神秘，继而带动当地旅游等产业的发展。

（二）结构仿生的建筑造型设计

所谓的结构仿生既包括通常所提到的力学结构，还包括通过观察生物体整体或者部分结构组织方式，找到与建筑构造相似的地方，进而在建筑设计中借鉴使用。生物体的构造是大自然的奇迹，其中蕴含着许多人类想象不到的完美设计，通过借鉴生物体自身组织构造的一些特点，可以解决我们在建筑造型设计中无法克服的难题，实现更好的设计效果，更好地保障建筑的性能。

（三）概念仿生的建筑造型设计

概念仿生的建筑造型设计就是一种抽象化仿生造型设计，这种设计方法主要是通过研究生物的某些特性来获得内在的深层次的原因，然后对这些原因进行归纳总结上升为抽象的理论，然后将其与建筑设计相结合，成为建筑造型设计的指导理论。

三、仿生建筑造型设计的原则

（一）整体优化原则

仿生建筑的造型设计相对于传统的建筑造型而言，具有新颖、独特、创新等特点。这也是仿生建筑造型设计的建筑家们所追求的结果，他们旨在创新一种全新的建筑造型设计，突破以往传统建筑的造型设计，改变传统建筑造型的不足，给人一种耳目一新的感觉。这种追求无可厚非，但是设计不只是追求创新就可以的，要以建筑的整体优化为根本，如果建筑的造型过于突兀，与整个建筑显得格格不入，那这个建筑的造型设计就是失败的，因此仿生建筑造型设计在追求创新的同时，一定要保证建筑的整体得到优化。

（二）融合性原则

所谓的融合性原则指的是建筑的造型设计要与周围的环境相互融合，不能使整个建筑与周围的环境相差太大、格格不入。就像生物也要与环境相融合一样，借鉴生物外形、特性等设计的建筑造型，也一定要与周边的环境相互融合、相互映衬，才能保证建筑存在的自然性，就像建筑本就是环境中自然存在的一般，给人一种和谐统一的感觉，而不是像在原始森林中见到高楼大厦的那种惊恐感。有很多的建筑都很好地体现了这种融合性的原则，使得建筑的存在浑然天成。

（三）自然美观原则

仿生建筑的造型设计无论如何的追求创新，最终的目的都是设计出自然的、美观的、给人带来舒适感的建筑。首先，仿生建筑的造型设计取材于大自然的各种生物形态等，具备自然的特性是必需的。其次，美观也是建筑造型设计所必须具备的，谁也不喜欢丑陋的建筑造型，美观的建筑造型设计可以给人一种心灵上的愉悦感，使人心情舒畅。

四、仿生建筑的艺术造型方式

对仿生两字进行字面上的分析就是对生物界规律进行模仿，所以仿生建筑艺术造型的方式应该来源于形态缤纷的大自然。我们经过对奇妙的自然认识以后，通过总结和归纳，把经验使用在建筑的设计上，仿生建筑艺术的造型方式能够定义成形象的再现（具象的仿生）以及形态的重新创新（抽象的转变）两种形态。

（一）形象的再现

具象的模仿属于形象的再现，这其实就是对自然界一种简单的抄袭，我们对自然形态进行简单的加工和设计以后使用在建筑的造型上，就会有一种很亲切的形象感觉，这是由于形态很自然。将仿生建筑的具象模仿由两个角度来进行定义，分成建筑装饰模仿以及建筑整体造型的模仿。

早在希腊、古埃及与罗马的柱式当中，特别是在柱头上面，发现运用仿生装饰造型，如，草叶和涡圈。建筑装饰的仿生在很久以前还有避祸、祈福以及驱鬼的含义。目前的建筑设计当中，使用仿生艺术装饰的办法有许多。例如，汉斯.霍莱茵对维也纳奥地利旅行社进行的设计，在下层大厅当中，运用零星的点缀对金属形成的梧桐树进行了装饰，金色的树叶和树干使我们想起热带风情当中灼热的太阳，灯光在金属树木和金色的树干之间相互的折射，使我们仿佛置身在南方的热带风情园当中。迪士尼世界当中的海豚旅馆以及天鹅旅馆许多的贝壳与天鹅造型都被雕塑使用在建筑的外立面上。

（二）对形态进行重新创新

对形态进行重新创新，就是由抽象的变化，经过自然界的形态加工形成的，但是这只不过是通过艺术抽象的转变，并且将其使用在建筑造型的设计当中，和具象模仿的方式进行比较，经过抽象的变换，得到的建筑造型特色以及韵味就会更强，这也是常见的使用仿生方式的一种。与此同时，应该要求建筑设计者审美、创新和综合能力具有一个比较高的水平，能够对自然形态合理地进行艺术抽象处理，成为独具特色的有机建筑造型。对自然和建筑的和谐进行追求，自然形态和建筑艺术造型相融合。建筑大师高迪是一位抽象表现主义的杰出代表，在其代表作巴塞罗那神圣家族的教堂创作当中，高迪使用自己独特的设计语言，对哥特式传统符号的形象进行了诠释。

仿生形态具有非常丰富的语言，在自然界当中有着很多形态结构使仿生设计拥有独特性，这种独特性对设计的形式语言进行了丰富，无形、有形的规律使得建筑的设计语言更加独特和丰富。经过上面的论述，我们知道仿生设计在景观的设计当中运用的前景是非常关键的，仿生设计元素在景观设计当中广泛的运用是使景观艺术能够更加丰富，能对景观设计的可持续发展进行促进。大自然是我们人类最好的导师，在景观的设计当中应该对生态的原则进行尊重、对生命的规律进行遵循，把科学自然合理的，最经济的效果使用在景观的设计当中，这是对人类艺术和技术不断的融合和创造，也是我们对城市、自然和谐共处美好的向往。

五、仿生建筑造型设计的发展方向

（一）符合自然规律

仿生建筑的造型设计是从自然界的生物中获得灵感，来进行造型创新。但在对仿生建筑进行造型设计时，并不是随心所欲的，一定要符合相应的自然规律。很多仿生建筑的造型设计新颖美观，但违背了自然规律，使得相应的建筑在安全等性能上存在重大的问题，严重影响了建筑的整体。现在的仿生建筑的造型设计还大多停留在图纸上，投入实践的还为数不多，经验积累也不够。因此未来的仿生建筑的造型设计一定要积极地观察相应的自然规律，然后进行图纸设计，设计施工，使建成的仿生建筑在符合自然规律的前提下实现创新。

（二）符合地域特征

建筑是固定存在于某个地方的，是不能随意移动的。各地的自然地理、文化、经济等条件等都各不相同，各有自己的特征，因此在仿生建筑的造型设计上自然也要有所区别，使仿生建筑的造型设计可以体现出当地的各种特征来，才能与当地的环境更好地相互融合。就像传统的建筑造型设计一样，老北京的四合院、陕西的窑洞等，不断兴起的仿生建筑也要有自己独特的符合地域特征的造型设计，使得整个设计在满足当地地理人文的同时，又可以对当地有很好的宣传作用，成为各个区域的象征。

（三）要与环境相和谐

建筑设计讲究"天人合一"，仿生建筑也不例外。在进行仿生建筑的造型设计时一定要观察考虑周边的环境特征，使整个造型设计与周边的环境能够实现很好的统一，这也是仿生建筑造型设计融合性原则的要求。要想使整个建筑不突兀，就必须重视建筑周边的自然环境，更何况是仿生建筑。仿生建筑要想更好地发展，就必然使其造型设计朝着与环境相和谐统一的方向不断地发展创新。

仿生建筑是未来建筑行业重点发展的方向，我们在经济发展的同时，越来越关注自然与环境的发展。因此积极地做好仿生建筑造型设计的发展创新十分的重要。在仿生建筑的造型设计上坚持整体优化、相互融合、自然美观等原则，从观察大自然的过程中不断完成仿生建筑造型设计的形态仿生、结构仿生、概念仿生，使得仿生建筑的造型设计取材于自然，又与自然很好地融合在一起，实现仿生建筑基本性能的同时，又使其与自然环境实现和谐统一。

第四节　基于仿生建筑中的互承结构形式

一、仿生建筑学

仿生学形成于 21 世纪 60 年代，是一门交叉学科。其中包含了生命科学与机械、材料和信息工程等。仿生学随着科技与时代的发展不断深化着并且有明显的跨学科特征。自然界的生物形态万千，它们有着不同的体态特征和独特的存在方式。通过认清客观生物自身形体特点探寻空间结构形式和构造之间的关系从而能更好地融入自然、顺应自然并与自然生态环境相协调，保持生态的平衡发展。所以从另外一个角度来说，仿生学的建筑也等同于绿色建筑。仿生学的重点在于仿生原型的相似性以及仿生整体的综合性。

建筑仿生是科研界一直提及的老课题，互承结构也可以作为仿生建筑结构却是近现代时期的一个新的视角。人类社会从蒙昧时代进入文明时代就是在模仿自然和适应自然界规律的基础上不断发展起来的。各个学科不断碰撞交融产生新的交叉学科，建筑亦是如此。

从古至今，人们的居住环境从洞穴到各类建筑无一不留下了模仿自然的痕迹。但是，随着工业化的高速发展，非线性的建筑形式越来越受人们青睐，这就意味着仿生建筑必须要有新的突破才能更好地适应日益变化的建筑大环境。

二、互承结构

互承结构是古老而又新颖的存在。古老是因为虽然没有对互承结构详细的资料分析，但还是有学者探究到早在1255—1250年间，就发现了维拉尔·德·奥内库尔 (Villard de Honnecourt) 手稿中设计过一种平面互承结构。文艺复兴时期中也发现了出自文学巨匠之手的多重互承结构手稿。甚至有人提出其应用最早可以追溯到新石器时代，因纽特人与印第安人居所所使用的帐篷结构。在国内，更有学者研究称《清明上河图》中的"虹桥"就是中国古代最早出现的互承式结构。知名的桥梁专家唐寰澄对虹桥的力学特性及设计构造进行深入研究，也证实早期主要分布在我国浙闽山区的虹桥就是一种互承结构。新颖则是因为互承结构的应用虽然由来已久，但是却不曾被连续的规模的发展。它的复杂结构特性及不够了解的神秘性还是被外界认为是种新颖的结构形式。20世纪80年代，格兰汉姆·布朗 (Graham Brown) 正式提出了互承结构 (reciprocal frame structure) 的术语。他把互承结构定义为可以用作屋顶的风车形结构形式，其构件串联成一个封闭的循环阵列，从而组成能够覆盖一片圆形区域的形式。

随着研究人员不断对互承结构的探索与完善，互承结构按照自身的空间形式可分为一维、二维和三维。一维互承结构就是类似于"虹桥"的结构形式，即基本单元的一维延伸。二维互承结构是将基本单元扩展到二维曲面形成一种能够覆盖二维的自承重的结构。三维互承结构则是指能够在一个三维空间内支撑起一个以互承结构为主体的空间区域。

设计实践并没有想象中顺利，因为学术的研究和重视并没有将"互承式结构"落于实处。资料的匮乏让研究几次陷入停滞的状态。以互承结构而存在的建筑形式在我国更是罕见。"互承式结构"在建筑和设计领域上不可替代的意义，并没有帮助它发挥出真正的功效。

或许在一开始"互承式结构"陈旧的理念并没有一定的吸引力，有太多的原因让它不能展示其真正耀眼的一面。现如今它已经被初步挖掘，大量关于互承结构的小模型和中小规模的设计成品出现在各个高校的美术馆展馆。原本一个个平平无奇的插件，在不断排列重组有序的变换中展现了互承结构机械又富含韵律的美。在工业不断推进以代替人工的时代，这种单一有序的构件制作也会越来越方便，人工成本也会随之大大减少。今后的节能建设和成本建设必定成为建筑界的主流，"互承式结构"有它成为结构主流之一的理由。

但是，"互承式结构"也存在着它必须面对的缺陷和不足。单个构件制作虽然方便，其用量却大，插接件的距离决定该建筑物整体的形式。所以在每个插件互相受力的运算上需要极大的时间，而且不容易出现差错。这也是现在中小型规模的成品和小件会有很多，大型建造很少的主要原因之一。单个构件的形式及材质是极其重要的。

三、仿生建筑与互承结构的交会融合

生物的骨骼亦可以当作"互承式结构"，同时又符合仿生建筑的类别。与其说仿生建筑与互承结构交会融合，不如说互承结构就应当归属于仿生建筑的类别之中。互承结构是由一个单一的插件组合生成，其原理就是自然界中动物骨骼简化重组而达到自然支撑自成体系的结果。不管对单个支撑件的研究还是最后整个结构的形态都符合仿生建筑学的分类。因此想要做好互承结构的研究就需要从仿生建筑学里去追溯其本源。在前期搜集资料的过程中研究归纳了很多知名建筑设计师具有代表性的仿生建筑作品。例如，德国以蝴蝶为原型的不来梅高层公寓；卡拉特拉瓦于1992—1995年设计的位于西班牙的特内利非展览厅，就是对鸟的模仿；北京的鸟巢体育馆、印度的莲花寺、芝加哥的螺旋塔等这些全是由自然界的仿生灵感而诞生的建筑。

四、互承结构在实际生活中的应用

互承结构单一的构件组成及其有韵律的形态展现多用于公共艺术中的大型搭建类构筑物设计。通过外部形态的形式与内部结构或者内部空间结构结合，表现出设计师希望观众探索发现其中的内涵关系。而一个完整的构筑物设计包含该艺术作品所在的场地与实现搭建的材料，艺术家所要表达的情感及受众的直接感受与体验。

构筑物设计最首要的任务是让观众接触构筑物、融入构筑物环境。观众的介入和参与搭建构筑物不可分割。通过场地的布置，通常的动线，可以让观众自发的参与其中，自由方便地进出和通行，或者在空间有一定容量的情况下展开适当的活动。这就与互承结构达到了一种契合。

艺术分类之间是无边界的，很多设计分类都是交汇融合的。本节主要是通过对仿生学的概念研究，分析仿生学对建筑形态影响的环境下探索互承结构的空间表达。通过参数化的方式把仿生学与二维互承结合形成不再是单一单元件构件而成的空间构造方式，而是更复杂和多元的形式展现。不足之处就是对于材质方面的探索略显单薄，什么样的材质才最适用于互承结构的实现，希望后期可以在建筑形态更加丰富的基础上适用于更多变的材质，达到对互承结构更深层次的研究。

第五节 生态结构仿生设计

如今，社会在蓬勃发展，人们早已不再满足于吃饱穿暖的阶段，对物质和审美的需求日渐高涨，建筑的意义不再只是单纯的遮风挡雨，同时还得兼具美观与实用价值。因此，结构仿生在大跨度建筑设计中的重要性不言而喻。本节首先从结构仿生和大跨度建筑设计两方面入手，通过查阅整理，对结构仿生的概念、结构仿生的发展和结构仿生的科学基础理论进行系统的研究，总结出结构仿生的方法和应用特征。然后概括大跨度建筑的结构设计特点，结合相应的案例进行分析，最后得出结论，并就这一结论对结构仿生在大跨度建筑设计中的应用提出改进意见。

一、结构仿生

（一）结构仿生的概念

了解结构仿生的概念，首先要先了解仿生学的概念。仿生学一词是由美国斯蒂尔根据拉丁文"bios"（生命方式的意思）和字尾"nlc"（"具有……的性质"的意思）构成的。斯蒂尔在1960年提出仿生学概念，到1961年才开始使用。他指出"某些生物具有的功能迄今比任何人工制造的机械都优越得多，仿生学就是要在工程上实现并有效地应用生物功能的一门学科"。结构仿生（Bionic Structure）是通过研究生物机体的构造，建造类似生物体或其中一部分的机械装置，通过结构相似实现功能相近。结构仿生中分为蜂巢结构、肌理结构、减粘降阻结构和骨架结构四种结构类型。

而本节研究的结构仿生建筑则是以生物界某些生物体功能组织和形象构成规律为蓝

本，寻找自然界中存在许久的、科学合理的建筑模式，并将这些研究结果运用到人类社会中，确保在建筑体态结构以及建筑功能布局合理的基础上，又能做到美观实用。

（二）结构仿生的发展

仿生学的提出虽然不算早，但是它的发展大概可以追溯到人类文明早期，早在公元8000多年前，就有了仿生的出现。人类文明的形成过程有许多对仿生学的应用，例如，在石器时代就有用大型动物的骨头作为支架，动物的皮毛做外围避寒而用的简易屋棚。这就是最早以动物本身为仿生对象的结构仿生。只是那时候的仿生只是简单停留在非常原始的阶段，由于生存环境的恶劣，人类只能模仿周围的动物或者从自然界已有的事物中获取技巧，以此保证基本的生存。因此，从古代起，人们已经在不知不觉中学习了仿生学，并加以利用。

随着现代科学技术的不断进步，仿生学的概念也被不断完善和改进，逐步形成系统的仿生学体系。本质上看，仿生学的产生是人类主动学习意识下的产物。它带给人类带来了创新的理念与学以致用的方法。使人类以不同的视角看世界，发现未曾发现的事物，实现科学技术的原始创新，这是其他科学不具备的先天优势。

从古至今，人类一直在探索自然中的奥秘，自然界是人类各种技术思想、工程原理及重大发明的源泉，为人类的进步提供灵感和依据。20世纪60年代，仿生学应运而生，仿生学一直是人类研究的热门，仿生方法也一直为各个行业，各个领域所用。在仿生学的影响下，各类仿生建筑层出不穷。本节在研究仿生建筑外观、结构、性能的基础上对仿生方法进行了归纳；分析了建筑结构设计领域，仿生方法的应用现状；对大数据时代仿生建筑的发展做了展望。

1960年，美国的J.E.Steel提出"仿生学"的概念，自此之后人类自觉地把生物界作为各种技术思想，设计原理、发明创造的源泉。至今仿生学已经有了长足进步，生物功能不断地与尖端技术融合，应用于各个领域，仿生方法在建筑结构设计中的应用颇为广泛。

二、建筑结构设计中仿生方法应用现状

（一）建筑外观仿生

建筑外观形态仿生历史悠久、原理简单。公元前250年的埃及卡夫拉金字塔旁的狮身人面雕像可谓仿生外观的雏形。随着社会生产力的进步，外观仿生在建筑设计中应用越来越多。17世纪80年代，在哥本哈根，"我们的救世主"教堂尖顶的外形模仿了螺旋状的贝壳；1967年，英国圣公会国际学生俱乐部的螺旋形附楼采用的楼梯，恰似DNA分子的螺旋状结构。而今，外观仿生方法在世界各地的建筑中均有应用，国家体育场"鸟

巢"是从表达体育场的本原状态出发，通过分析和提炼，采用外观仿生方法得到的艺术性结果。它之所以得名"鸟巢"是因为它的外观模仿了鸟类的巢穴，鸟类的巢一般都是用干草，干树枝等搭建而成，取材于自然，不经加工，干草、树枝的尺寸大小各异、参差不齐，而"鸟巢"正是采用的异型钢结构，其中各个杆件的外形尺寸均不相同，当然这也给设计和施工带来了许多困难，制造和施工工艺要求极高，但不可否认的是"鸟巢"不仅为奥运会开闭幕式、田径比赛等提供了场地，后奥运时代也成为北京体育娱乐活动的大型专业场所。

外观仿生是设计师通过对自然的观察，在模拟自然外部形态的基础上进行建筑创作。外观仿生方法主要得益于自然的美学形态，自然界的美我们只领略了一部分，在不久的将来，将会有更多模拟自然外形的优秀建筑落成。

（二）建筑材料仿生

所谓建筑材料仿生，是人类受生物启发，在研究生物特性的基础上开发出适应需求的建材，早在北宋年间，我国第一座跨海大桥—泉州洛阳桥（万安桥）建造时，工匠们在桥下养殖牡蛎，巧用"蛎房"连接桥墩和桥基中的条石，这在世界桥梁史中是首例，也是建筑材料仿生的先驱。在当代建筑材料研发中，许多灵感都源自生物界。蜜蜂建造的蜂巢，属于薄壁轻质结构，强度较高，这正是建筑材料研发希望达到的效果，蜂窝板就是研究蜂巢特点的基础上出现的。蜂窝板为正六边形，是一种耗材少而组织结构稳定的板材，由此衍生出的石材蜂窝板，将蜂窝结构和石材配合使用，达到传统石材板同等强度只需耗用一半的石材原料。受蜂巢启发，还研制出了加气混凝土、泡沫混凝土、微孔砖、微孔空心砖等新型建材，这些材料不仅质轻，还具有隔音、保温、抗渗、环保等诸多优点。材料仿生除了使建筑材料具备更强的基本功能外，还能够实现或部分实现动物的功能，例如骨的自我修复功能，骨折后，骨折端血肿逐渐演进成纤维组织，使骨折端初步连接形成骨痂、最终完成骨折处自我修复。人们从骨的自我修复功能中得到启示，现已经研究出混凝土裂缝修复技术。还有学者提出了智能混凝土的概念，所谓智能混凝土是在混凝土原有组分基础上复合智能型组分，使混凝土成为具有自我感知和记忆，自适应，自修复特性的多功能材料。

（三）建筑结构仿生

建筑结构仿生，是在研究生物体结构构造的基础上，优化建筑物的力学性能和结构体系。建筑的结构仿生可以追溯到公元前 8000 年前的旧石器时代，那时人们已经在居住地使用动物皮毛和骨头作为结构，乌克兰用猛犸骨建造了无盖的棚屋。而今，结构仿生建筑已经遍布世界各地，1851 年英国世博会展览馆"水晶宫"的设计理念即源自南美洲亚马孙河流域生长的王莲，王莲叶子背面粗细不同的叶脉相交足以支撑直径达 2 米的叶片。"水晶宫"以钢铁模拟叶脉作为整个结构的骨架支撑玻璃屋顶和玻璃幕墙，轻质且雄伟。相比水晶宫，薄壳结构的设计灵感则是源自日常能见到的鸡蛋，薄壳结构荷载均匀地分散在整个壳体，结构用料少，跨度大，坚固耐用。许多世界著名建筑都采用了薄壳结构，众所周知的人民大会堂，偌大的空间里没有一根柱子作为支撑，充分发挥了薄壳结构的优势；悉尼歌剧院的帆状壳片、中国国家大剧院的穹顶都采用了薄壳结构。除上述结构外，还有些生物结构被建筑物采用，如北京奥运会游泳场馆水立方，内部采用钢结构骨架，外部采用了世界上最大的膜结构（ETFE 材料），水立方的主体结构被称为"多面体异型钢结构"，这在世界上是首创。

（四）建筑功能仿生

建筑功能仿生是学习借鉴自然界生物所具有的生命结构、生命活动以及对环境的适应性等方面的优良特性来改善建筑功能设计的方法。建筑功能仿生方法应用实例不胜枚举，如双层幕墙作为建筑物的外表模拟皮肤的"保护、呼吸"等功能；城市中的给排水系统模拟生物体的体液循环系统。受生态系统的启发，设计师根据建筑物所在地的自然生态环境，通过生态学原理、建筑技术手段合理组织建筑物与其他因素之间的关系，使人、建筑与自然生态环境之间形成一个良性循环系统，此即为生态建筑。马来西亚米那亚大厦、大别山庄度假村、德国的"三升房"、奥尔良的"诺亚"等都属于此类建筑。源自植物叶片绕枝干旋转分布的灵感，荷兰鹿特丹的"城市仙人掌"为每位公寓住户提供了悬挑的绿色户外空间，住户可以在享受阳光的同时感受大自然的生机。现在清华大学又提出了第四代住房的设计，第四代住房集以往所有住房的优点于一身，将生活空间、生态植物、生活设施皆融于建筑物中，是真正的空中庭院，这必将是功能仿生史上的一大力作。

三、大跨度建筑

（一）大跨度建筑结构设计特点

所谓大跨度建筑，就是横向跨越 60 米以上空间的各类结构形式的建筑。而大跨度建筑这种结构多用于影剧院、体育馆、博物馆、跨江河大桥、航空候机大厅及生活中其他大型公共建筑，工业建筑中的大跨度厂房、汽车装配车间和大型仓库等等。大跨度建筑又分为：悬索结构、折板结构、网架结构、充气结构、膨胀张力结构、壳体结构等。

当今大跨度建筑除了用于方便日常生活外，更多作用是作为是一个地方的地标性建筑。这就需要在建筑结构上要能展现本地的特色，但又不能过分追求标新立异。大跨度建筑因为建筑面值过大，耗时较长，除了对结构技术有更高的要求外，也需要设计师对建筑造型的优劣做出准确的定位。大跨度建筑也需要同时兼备多种功能，如 2008 年为北京奥运会的各个场馆的建设，除了需要体现不同的地域特色外，还要考虑到今后的实用性。以五棵松体育馆为例，它在赛后的实用性就大大的高于其他各馆。

（二）大跨度仿生建筑结构案例分析

在了解了大跨度建筑结构的设计特点外，我们用实际例子来具体分析一下。萨里宁（EeroSaarinen）于 1958 年所做的美国耶鲁大学冰球馆形如海龟，1961 年设计的纽约环球航空公司航站楼状如展翅高飞的大鸟，让旅客在楼内仿佛能够感受到翱翔的快乐。这些都是举世瞩目的例子。

在 1964 年丹下健三在东京建造的奥运会游泳馆与球类比赛馆，模仿贝壳形状，利用悬索结构，使它们的功能、结构与外形达到有机契合，令人眼前一亮，继而成为建筑艺术史上不可多得的优秀作品。另一位设计师——赖特，他是一位将自然与生活有机结合的建筑师。1944 年他设计建造的威斯康星州雅可布斯别墅，就是将菌类作为设计灵感，把住宅仿照地面菌菇类植物进行搭建，给人以与自然融合在一起的感觉。此外，又如萨巴在 1975-1987 年建成的印度德里的母亲庙则是犹如一朵荷花的造型，它借荷花的出淤泥而不染来表达母亲圣洁的形象，因此成为印度标志性的建筑。

在国内，大跨度仿生结构的案例有很多，最具有代表性的要数国家大剧院。国家大剧院外观形似蛋壳，所有的入口都在水下，行人需通过水下通道进入演出大厅。这种设计符合剧院的庄严感同时又兼具了美观与时尚感。除此之外，武汉新能源研究大楼也是大跨度仿生结构的经典案例。它由荷兰荷隆美设计集团公司和上海现代设计集团公司联合设计，该院负责人说，"马蹄莲花朵是该楼设计的自然灵感之源。"大楼主塔楼高 128 米，宛如一朵盛开的马蹄莲，它显示着"武汉新能源之花"的美好寓意和秉持绿色发展、可持续发展的理念。

由此可见，我们不难看出仿生结构在大跨度建筑设计中具有优势。国内外无数的成功案例表明，仿生结构模式在大跨度建筑设计中还有很大的发展空间。要充分利用这一优势，将越来越多的结构仿生运用到大跨度建筑当中去，将艺术与生活结合在一起，设计出更多兼具审美与实用兼顾的建筑物。虽然结构仿生建筑设计方面的研究颇多，但是结构仿生建筑设计的系统仍然不够完善。并且生物界与我们的社会还是存在一定的差距，有很多的仿生结构虽然很理想，可是真正应用到人类社会中还是存在诸多不利因素。不过我相信，随着科学与社会的不断进步，人类与自然生物的不断接触和探索，结构仿生在大跨度建筑设计中一定会有更为广阔的发展空间与发展前景。

四、在大跨度的建筑设计中结构仿生的表征

（一）形态设计

结构仿生有着多样性、高效性、创新性等特点，能够满足建筑形态对于设计的要求，是形态进行设计的一个选择。例如在里昂的机场和火车站就属于一个例子。各种建筑构件和生物原型有着一定的并且相似性，并且通过材料与形态的变化，起到引导人群的作用，把旅行变成了一种令人难忘的体验。

（二）结构设计

因为大跨度的建筑设计，其跨度比较大，空间的形态较为多变，通常需要使用到许多的结构形式，因此，结构设计在大型的公共建筑设计中属于重要的部分，其在很大程度上决定了建筑设计的效果。对于大自然的结构形态进行研究，是满足建筑结构设计的有效途径。将微生物、动植物、人类自身作为原型，能够对于系统结构性质进行分析，借鉴多种不同的材料组合以及界面的变化，使用结构仿生的原理，对于建筑工程结构支撑件做仿生方面的设计，能够对于功能、结构、材料进行优化配置，可以有效地提高建筑施工结构的效率，降低工程施工的成本，对于大跨度建筑有着十分重要的作用。

（三）节能设计

结构仿生方法指的是通过模拟不同生物体控制能量输出输入的手段，对于建筑能量状况进行有效的控制。和生物类似，建筑可以有效适应环境，顺应环境自身的生态系统，起到节能减耗的效果。充分地开发并且利用自身环境中的自然资源，例如风能、地热、太阳能、生物能等，形成有效的自然系统，获得通风、供热、制冷、照明，在最大程度上减少人工的设施。使其具备自我调节、自我诊断、自我保护或维护、自我修复、形状确定、自动开关等功能。和这个类似，建筑也能够有着生命体的调整、感知、控制的功能，精确适应建筑结构外界环境与内部状态的变化。建筑应该有反馈功能、信息积累功能、信息识别功能、响应性、预见性、自我维修功能、自我诊断功能、自动适应以及自动动态平衡功能等，有效进行自我调节，主动顺应环境的变化，起到节能减耗的效果。

五、结构仿生在大跨度建筑设计中的设计手段

（一）图纸表达

1.构思草图

建筑师进行建筑设计创作的时候，大多是从草图构思开始，构思草图指的是建筑师

受到创作意念的驱动作用，将平日知识和经验积累进行相互的结合，把复杂关系不断抽象化，简约成为有关的建筑知识，草图构思指的是建筑师需要脑眼手相互协作，是建筑师集中体现创新的形式，因为仿生建筑的形体比较灵活，在开始构思草图中起着十分重要的作用。

2. 设计图纸

设计图纸指的是建筑师用来表达设计效果的一个常规工具，但在其中，也存在着一些比较有创意的手法，用来表现有效的设计思想，和以往的表达方法不一样，现代表现方法中使用到的透视图或者轴测图一般是和实体连接方式、大量的空间以及构造、结构、设备的分析图一起使用的。

（二）模型研究

模型设计在方案构思阶段属于不可缺少的一项工具，它自身的直观性、真实性和可体验性能够有效弥补在三维表达上图示语言存在的不足，模型研究对于建筑结构的形态以及各个细部处理有着十分重要的作用，模型能够给人们带来十分直观的体验，从各个视角去感受到设计的空间、设计的体量和设计的形态，能够帮助人们比较全面地进行设计评估，避免设计存在的不确定性，与此同时，模型有着到位的细节设计和准确的形态比例关系，能够方便和客户进行交流沟通工作。

（三）计算机模拟

现今，以计算机作为核心的信息技术在很大程度上增加了建筑师的创造能力，并且推动了计算机的图形学技术发展，人们能够在计算机模拟的虚拟环境内有效地落实头脑中所呈现的建造活动，这属于虚拟建造，动态的、逼真的模拟真实的情境，是计算机模拟的优势。

在建筑中仿生手段有着比较久的发展历史，但是仿生建筑的概念提出的时间却不长。在建筑仿生学中，结构仿生属于主要的一个研究内容，并且在大跨度的建筑中得到了有效的应用，取得了一定的进展，但与此同时，不可避免产生了一些问题，参考在以往建筑发展中出现的教训经验，相关人员在面临建筑结构仿生的应用时，需要进行理性的准确的评判，只有通过这种方式，才可以使结构仿生更好的被使用在建筑领悟中，才能够更好地促进建筑行业的发展。

六、结构仿生方法的应用

现阶段，结构仿生应用主要体现在三个方面，包含了仿生材料的研究、仿生结构的设计以及仿生系统的开发。

（一）仿生材料的研究

仿生材料的研究在结构仿生中属于一个重要的分支，指的是从微观的角度上对于生物材料自身的结构特点、构造存在的关系进行研究，从而研发相似的或者优于生物材料的办法。仿生材料的研究可以给人们提供具有生物材料自身优秀性质的材料。因为在建筑领域，对于材料的强度、密度、刚度等方面有着比较高的要求，而仿生材料满足了这种要求，因此，仿生材料的研究成果在建筑领域也得到了广泛的应用。现今，加气混凝土、泡沫塑料、泡沫混凝土、泡沫玻璃、泡沫橡胶等内部有气泡的呈现蜂窝状的建筑材料已经在建筑领域大量使用，不但使建筑结构变得更加简单美观，还能够起到很好的保温隔热的效果，并且成本比较低，有利于推广应用。

（二）仿生结构的设计

仿生结构的设计指的是将生物和其栖居物作为研究原型，通过对于结构体系进行有效的分析，给设计结构提供一个合理的外形参照。通过分析具体的结构性质，把其应用在建筑施工设计中，可以提出合理并且多样的建筑结构形式。建筑对于结构有着各种不同的要求，例如建筑跨度、建筑强度、建筑形态等。仿生结构自身具有结构受力性能较好、形态多样并且美观等特点，因此，在建筑领域得到了比较广泛的应用。在大跨度的建筑中，使用的网壳结构、拱结构、充气结构、索膜结构等，都属于仿生结构设计的良好示范。

（三）仿生系统开发

仿生系统的开发是把生物系统作为原型，对于原型系统内部不同因素的组合规律进行研究，在理论的帮助下，开发各种不同的人造系统。仿生系统开发重点在如何处理好各个子系统与各个因素间的关系，使其可以并行，并且能够相互促进。建筑属于高度集成的一个系统。伴随建筑行业的不断发展，生态建筑将会不断兴起，在建筑中涵盖的子系统也会越来越多，例如能耗控制系统等，系统的集成度也会越来越高。仿生系统有效良好的整合优势，因此，其在建筑领域的使用的前景十分广阔。

七、国外仿生设计的应用

国外建筑设计人员对仿生设计理念的应用时间非常长久，通常情况下，国外都将融入这种理念的建筑称之为有机建筑，其设计的原则也主要是建筑与周围环境的有机结合，这也正是将称之为有机建筑的重要原因。流水别墅是运用仿生理念的最典型的建筑，设计人员运用仿生理念，将其设计为方山之宅，给人一种大自然自己打造的房屋的感觉，因此其设计方法就是运用楼板与山体自然的结合，在具体施工时根据建筑整体来选择所需要的建筑材料，仿生设计与普通的建筑设计相比，其对建筑设计人员的要求更高，而这种流水别墅的设计则有更加严格的要求，尤其是突出体现出建筑艺术美感，而且要保证这种美感不能脱离实际。从上述中，我们能够明显得知道，流水别墅是一个非常具有超越性的设计，该设计将建筑结构与周围环境之间的融合达到最佳的切合点，从而给人一种自然美与艺术美。居住舒畅，身心放松，浑然天成，这是流水别墅给居住者切实的感受。

目前国家建筑设计人员越来越多应用仿生设计理念，运用原始自然环境中所拥有的物质进行设计，将自然中天然的美感融入建筑设计中，使建筑具有大自然的气息。最为重要的是，国外建筑设计人员之所以大量的使用这种建筑设计理念，主要是因为这种设计理念比较自由，主要是看设计人员对自然的理解，对美的追求，而且设计人员完全可以按照自己的感情来设计，其约束力比较小。比如有些建筑设计人员比较喜欢动物，其设计的建筑往往类似于某种动物，尤其是动物中某些细节部分，比如纹理等。

八、我国建筑结构的仿生设计

我们就以我国园林设计为例，其特点是动静结合，动中有静，静中有动。用色淡雅，朴实，与自然景观相互融合，既不显建筑的单调，又极好地烘托了主题。同时，苏州园林体现了古人对天时，地利，人和的追求。把山、水、树完美地融入他们的生活之中，增加了许多生活情趣。中国古人的园林建筑，讲究一步一景，步步为景，一景多观，百看不厌。因此，中国的苏州园林，讲究心境和自然的统一，互为寄托，即古人所讲的"造境"——有造境，有写境，然二者颇难分别。山川草木，造化自然，此实境也。因心造境，以手运心，此虚境也。虚而为实，是在笔墨有无间，故古人笔墨具此山苍树秀，水活百润。于天地之外，别有一种灵气。或率意挥洒，亦皆炼金成液，弃滓存精，曲尽蹈虚揭影之妙。

此外，中国的民居建筑和村落也很受国外人士的欢迎。来中国旅游的客人，大都选择住在四合式的小旅社，而不是高级宾馆。不仅是外国人，中国人也越来越重视人与自然的结合。在已批准实施的《中国 21 世纪议程》中，就将"改善人类居住环境"列入重点内容。强调"森林资源的培育、保护和管理以及可持续发展"和"生物多样性保护"。可见，在人类意识到其重要性后，仿生建筑的概念将逐步深入人心。用仿生学的原理进行城市规划和设计是中国古代传统地理在城市选址、规划、布局和建设的一大特色。中国古代传统讲究天文，地理和人文的相互结合，故而产生了青龙、朱雀、白虎、玄武之说。古代人根据这些条件，创造了许多优秀的建筑。这些环境设计上精心营造"天人合一"意境，刻意体现园林文化情调"天人合一"意境和园林化情调，是徽派古民居环境设计中刻意追求的特色和目标。

除了这些，还有很多这样能体现本国个性的建筑。而这些建筑，均不是凭空产生，而是建筑师们的精心设计。所谓"设计"，是指在建筑物的外形，色彩，材质等方面的改革，使之更能吸引人们的眼球，间接增加它的物质利益。当今建筑，从低空间到高空间，从色彩单一的白墙黑瓦到各种色调的钢筋混凝土，其风格受西方影响越来越显露出现代色彩，国际建筑风格趋于统一，地域特色逐渐变得不明显。为了使本地的建筑有地方特色，成为地方标志性建筑，建筑师们通常仿造一些物品使人们对其印象深刻。虽说现代城市建筑所用建材及造型相差无几，但每个国家都有它独特的建筑风格，即国家个性。只有反映国家个性的建筑才能流传至今，为后人树立典范。

九、仿生建筑的发展展望

仿生方法在当代建筑结构设计中的应用日趋成熟，在仿生理念的影响下，各类仿生建筑不断涌现。大数据时代，能够对海量数据进行存储和分析，许多信息实现共享，更多的自然生物数据可以为建筑结构设计所用。例如，可以提取人体皮肤特性数据，开发像皮肤一样能感知温度变化、保温、透气，能随着外界气候条件的变化自我调节的功能化建筑材料。在进行房屋结构设计时，提取医学数据中人体受外力时神经系统、肌肉系统为保持稳定做出反应和发出指令的相关数据，用于研究建筑物的应激反应系统，该系统应包括感应模块、分析模块和防御模块。建筑物受到外部作用时，感应模块将收集到的数据传送给分析模块分析提炼后，向防御模块发出指令，启动防御模块抵御外部作用，保证建筑物自身的稳定性。建筑物的应激反应系统将是综合运用外观仿生、材料仿生和结构仿生的基础上进行的强大功能仿生。我们有理由相信，在大数据环境下，未来的建筑将会成为能呼吸、能生长、能进行新陈代谢、具有应激性的"生物体"。

第七章 绿色建筑的设计

第一节 绿色建筑设计理念

随着时代和科学技术的迅猛发展，全球践行低碳环保理念，其目的是共同维护生态环境。我国自中共十八届五中全会就已将绿色发展的理念提升到政治高度，为我国建筑设计市场指引着发展的方向。建筑行业作为国民经济的重要支柱产业，将绿色理念融入建筑设计中能够从根本上影响人们的生活方式，进而达到人与自然环境和谐相处。综上可知，在建筑设计中运用绿色建筑设计理念具有非常重要的意义。本节主要对建筑设计中绿色建筑设计理念的运用进行分析，阐述绿色建筑在实际设计中的具体应用。

绿色建筑设计是针对当今环境形势，所倡导的一种新型的设计理念，提倡可持续发展和节能环保，以达到保护环境和节约资源的目的，是当今建筑行业发展的重要趋势。在建筑设计中建筑师须结合人们对环境质量的需求，考虑建筑的全生命周期设计，从而实现人文、建筑以及科学技术的和谐统一发展。

一、绿色建筑设计理念

绿色建筑设计理念的兴起源于人们环保意识的不断增强，在绿色建筑设计理念的运用中主要体现在以下三个方面：

①建筑材料的选择。相较于传统建筑设计理念，绿色建筑设计首先从材料的选择上，采用节能环保材料，这些建筑材料在生产、运输及使用工程中都是环境友好的材料。②节能技术的使用。在建筑设计中节能技术主要运用在通风、采光及采暖等方面，在通风系统中引入智能风量控制系统以减少送风的总能源消耗；在采光系统中运用光感控制技术，自动调节室内亮度，减少照明能耗；在采暖系统中引入智能化控制系统，使建筑内部的温度智能调节。③施工技术的应用。绿色设计理念的运用能够提高了工厂预制率，减少了湿作业，提高了工作效率的同时，提高了项目的完成度。

二、绿色建筑设计理念的实际运用

平面布局的合理性。在建筑方案设计过程中，首先考虑建筑的平面布局的合理性，这对使用者体验造成直接影响，在住宅平面布局中比较重要的是采光，故而在建筑设计中合理规划布局考虑采光，以此增强建筑对自然光的利用率，减少室内照明灯具的应用，降低电力能源消耗损失。同时通过阳光照射可以起到杀菌和防潮的功效。在进行平面布局时应该遵循以下几项原则：①设计当中严格把握控制建筑的体形系数，分析建筑散热面积与体形系数间的关系，在符合相关标准要求的基础上尽量增大建筑采光面积。②在进行建筑朝向设计时，考虑朝向的主导作用，使得建筑使室内接受更多的自然光照射，并避免太阳光直线照射。

门窗节能设计。在建筑工程中门窗是节能的重点，是采光和通风的重要介质，在具体的设计中需要与实际情况相结合对门窗进行科学合理的设计，同时还要做好保温性能设计，合理选用门窗材料，严格控制门窗面积，以此减少热能损失。另外在进行门窗设计时需要结合所处地区的四季变化情况与暖通空调相互融合，减少能源消耗。

墙体节能设计。在建筑行业迅猛发展的背景下，各种新型墙体材料类型层出不穷，在进行墙体选择当中需要在满足建筑节能设计指标要求的原则下对墙体材料进行合理选用。例如针对加气混凝土材料等多孔材料的物理性质，他们具有更好的热惰性能，因而可以用来增强墙体隔热效果，减少建筑热能不断向外扩散，达到节约能源、降低能耗的目的。其次在进行墙体设计时，可以铺设隔热板来增强墙体隔热保温性能，实现节能减排的目的。目前隔热板的种类和规格比较多，通过合理的设计，隔热板的使用可以强化外墙结构的美观度，提高建筑的整体观赏价值，满足人们的生活和城市建设的需求。

单体外立面设计。单体外立面是建筑设计中的重点，同时立面设计也是绿色建筑设计的重要环节，在开展该项工作时要与所处区域的天气气候特征相结合选用适合的立面形式和施工材料。由于我国南北气候差异较大，在进行建筑单体外立面设计中要对南北方区域的天气气候特征、热工设计分区、节能设计要求进行具体分析，科学合理的规划，大体而言，对于北方建筑单体立面设计，要严格控制建筑物体形系数、窗墙比等规定性指标，同时因为北方地区冬季温度很低，这就需要考虑保证室内保温效果，在进行外墙和外窗设计时务必加强保温隔热处理，减少热力能源损失，保障建筑室内空间的舒适度。对于南方建筑单体立面设计，因为夏季温度很高，故而需要科学合理的规划通风结构，应用自然风大大降低室内空调系统的使用效率，降低能耗。此外，在进行单体外墙面设计时要尽量通过选用装修材料的颜色等，以此来提升建筑美观度，削弱外墙的热传导作用，达到节约减排的目的。

要注重选择各种环保的建筑材料。在我国，绿色建筑设计理念与可持续发展战略相一致，所以在建筑设计的时候要充分利用各种各样的环保建筑材料，以此实现材料的循环利用，进而降低能源能耗，达到节约资源的目的。在全国范围内响应绿色建筑设计及可持续发展号召下，建材市场上新型环保材料如雨后春笋般迅猛发展，这给建筑师提供了更多的可选的节能环保材料。作为一名建筑设计师，要时刻遵循绿色设计原则、达到绿色环保的目标、实现绿色可持续发展为己任，持续为我国输出可持续发展的绿色建筑。

充分利用太阳能。太阳能是一种无污染的绿色能源，是地球上取之不尽用之不竭的能源来源，所以在进行建筑设计时首要考虑的便是有效利用太阳能替代其他传统能源，这可以大大降低其他有限的资源消耗。鼓励设计利用太阳能，是我国政府及规划部门对于节约能源的一大倡导。太阳能技术是将太阳能量转换能热水、电力等形式供生产生活使用。建筑物可利用太阳的光和热能，在屋顶设置光伏板组件，产生直流电，亦或是利用太阳热能加热产生热水。除此之外，设计人员应该与被动采暖设计原理相结合，充分利用寒冷冬季太阳辐射和直射能量，并且通过遮阳建筑设计方式减少夏季太阳光的直线照射，从而减少建筑室内空间的各种能源消耗。例如设置较大的南向窗户或使用电能吸收及缓慢释放太阳热力的建筑材料。

构建水资源循环利用系统。水资源作为人类生存和发展的重要能源，要想实现可持续发展，有效践行绿色建筑理念，必须实现水资源的节约与循环利用。其中对于水资源的循环利用，在建筑设计中，设计人员需要在确保生活用水质量的基础上，构建一系列的水资源循环利用系统，做好生活污水的处理工作，即借助相关系统把生活生产污水进行处理以后，使其满足相关标准，继而可使用到冲厕、绿化灌溉等方面，从而在极大程度上提高水资源的二次利用率。此外，在规划利用生态景观中的水资源时，设计人员应严格依据整体性原则、循环利用原则、可持续原则，将防止水资源污染和节约水资源当作目标，并从城市设计角度做好海绵城市规划设计，做好雨水收集工作，借助相应系统来处理收集到的雨水，然后用作生态景观用水，形成一个良好的生态循环系统。加之，在建筑装修设计中，应选用节水型的供水设备，不选用消耗大的设施，一定情况下可大量运用直饮水系统，从而确保优质水的供应，达到节约水资源的目的。

综上所述，在我国绿色建筑理念的倡导下，绿色建筑设计概念已成为建筑设计的基础。市场上从建筑材料到建筑设备都在不断地体现着绿色可持续的设计理念、支持着绿色建筑的发展，这一系列的举措都在促使着我国建筑行业朝着绿色、可持续的方向不断前进。

第二节　我国绿色建筑设计的特点

我国属于人均资源短缺的国家，根据中国建材网统计数据表明，当前 80% 的新房建设都是高耗能建筑。所以，当前，我国建筑能耗已经成了国民经济的沉重负担。如何让资源变得可持续利用是当前亟待解决的一个问题。伴随社会发展，人类所面临的情形越来越严峻，人口基数越来越大，资源严重被消耗，生态环境越来越恶劣。面对如此严峻的形势，实现城市建筑的绿色节能化转变越来越重要。建筑行业随着经济社会的进步和发展也在不断加快进程。环境污染的问题越来越严重，国家出台了相关的政策措施。在这样的发展状况下，建筑领域中对于实现可持续发展，维持生态平衡更加关注，要保证经济建设符合绿色的基本要求。因此，对于绿色建筑理念应该进行合理运用。

一、绿色建筑概念界定

绿色建筑定义。绿色建筑指的是"在建筑的全寿命周期内，最大限度地节约资源、保护环境和减少污染，为人们提供健康、适宜和高效的使用空间，与自然和谐共生的建筑"。当前，中国已经成为世界第一大能源消耗国，因此，发展绿色建筑对于中国来说有着非常重要的意义。当前，国内节能建筑能耗水平基本上与 1995 年的德国水平相差无几，我国在低能耗建筑标准规范上尚未完善，国内绿色建筑设计水平还处于比较低的水平。另外，不管是施工工艺水平，还是产品材料性能，都与发达国家相比存在较大差距。同时，低能耗建筑与绿色建筑的需求没有明确的规定标准，部件质量难以保证。

伴随着绿色建筑的社会关注度不断提升，可预见，在不久将来绿色建筑必将成为常态建筑，按照住房和城乡建设部给出的绿色建筑定义，可以理解绿色建筑一定要表现在建筑全寿命周期内的所有时段，包括建筑规划设计、材料生产加工、材料运输和保存、建筑施工安装、建筑运营、建筑荒废处理与利用，每一环节都需要满足资源节约的原则，同时绿色建筑必须是环境友好型建筑，不仅要考虑到居住者的健康问题和使用需求，还必须和自然和谐相处（图 1）。

绿色建筑设计原则。建筑最终目的是以人为本，希望能够通过工程建设来惠及人们起居和办公的生活空间，让人们各项需求能够被有效满足。和普通建筑相比，其最终目的并没有得到改变，只是立足在原有功能的基础上，提出要注重资源的使用效率，要在建筑建设和使用过程中做到物尽其用，维护生态平衡，因地制宜地搞好房屋建设。

健康舒适原则。绿色建筑的首要原则就是健康舒适，要充分体现出建筑设计的人性化，从本质上表现出对于使用者的关心，通过使用者需求作为引导来进行房屋建筑设计，让人们可以拥有健康舒适的生活环境与工作环境。其具体表现在建材无公害、通风调节优良、采光充足等方面。

简单高效原则。绿色建筑必须要充分考虑到经济效益，保证能源和资源的最低消耗率。绿色建筑在设计过程中，要秉持简单节约原则，比如说在进行门窗位置设计的过程中，必须要尽可能满足各类室内布置的要求，最大限度避免室内布置出现过大改动。同时在选取能源的过程中，还应该充分利用当地气候条件和自然资源，资源选取上尽量选择可再生资源。

整体优化原则。建筑为区域环境的重要组成部分，其置身于区域之中，必须要同周围环境和谐统一，绿色建筑设计的最终目标为实现环境效益达到最佳。建筑设计的重点在于对建筑和周围生态平衡的规划，让建筑可以遵循社会与自然环境统一性的原则，优化配置各项因素，从而实现整体优化的效果。

二、绿色建筑的设计特点和发展趋势探析

绿色建筑设计特点分析。

节地设计。作为开放体系，建筑必须要因地制宜，充分利用当地自然采光，从而降低能源消耗与环境污染程度。绿色建筑在设计过程中一定要充分收集、分析当地居民资源，并根据当地居民生活习惯来设计建筑项目和周围环境的良好空间布局，让人们拥有一个舒适、健康和安全的生活环境。

节能节材设计。倡导绿色建筑，在建材行业中加以落实，同时积极推进建筑生产和建材产品的绿色化进程。设计师在进行施工设计的过程中，最大限度地保证建筑造型要素简约，避免装饰性构件过多；建筑室内所使用的隔断要保证灵活性，可以降低重新装修过程中材料浪费和垃圾出现；并且尽量采取能耗低和影响环境程度较小的建筑结构体系；应用建筑结构材料的时候要尽量选取高性能绿色建筑材料。当前，我国通过工业残渣制作出来的高性能水泥与通过废橡胶制作出来的橡胶混凝土均为新型绿色建筑材料，设计师在设计的过程中应尽量选取，应用这些新型材料。

水资源节约设计。绿色建筑进行水资源节约设计的时候，首先，大力提倡节水型器具的采用；其次，在适宜范围内利用技术经济的对比，科学地收集利用雨水和污水，进行循环利用。另外，还要注意在绿色建筑中应用中水和下水处理系统，用经过处理的中水和下水来冲洗道路汽车，或者作为景观绿化用水。根据我国当前绿色建筑评价标

准，商场建筑和办公楼建筑非传统水资源利用率应该超过 20%，而旅馆类建筑应该超过 15%。

绿色建筑设计趋势探析。绿色建筑在发展过程中不应局限于个体建筑之上，相关设计师应从大局角度出发，立足城市整体规划基础上来进行统筹安排。绿色建筑是属于系统性工程，其中会涉及很多领域，例如污水处理问题，这不只是建筑专业范围需要考虑的问题，还必须依靠与相关专业的配合来实现污水处理问题的解决。针对设计目标来说，绿色建筑在符合功能需求和空间需求的基础上，还需要强调资源利用率的提升和污染程度的降低。设计师在设计过程中还需要秉持绿色建筑的基本原则：尊重自然，强调建筑与自然的和谐。另外，还要注重对当地生态环境的保护，增强对自然环境的保护意识，让人们行为和自然环境发展能够相互统一。

三、我国绿色建筑设计的必要性

中国建材网数据表明，国内每年城乡新建房屋面积高达 20 亿平方米，其中超出 80% 都是高耗能建筑。现有建筑面积高达 635 亿平方米，其中超出 95% 都是高能耗建筑，而能源利用率仅仅才达到 33%，相比于发达国家来说，我国要落后二十余年。建筑总能耗分为两种，一种是建材生产，另一种是建筑能耗，而我国 30% 的能耗总能量为建筑总能耗，而其中建材生产能耗量高达 12.48%。而在建筑能耗中，围护结构材料并不具备良好的保温性能，保温技术相对滞后，传热耗能达到了 75% 左右。所以，大力发展绿色建筑已经成为一种必然的发展趋势。

绿色建筑设计可以不断提升资源的利用率。从建筑行业长久的发展上看，我们得知，在建设建筑项目过程中会对资源有着大量的消耗。我国土地虽然广阔，但是因为人口过多，很多社会资源都较为稀缺。面对这样的情况，建筑行业想要在这样的环境下实现稳定可持续发展，就要把绿色建筑设计理念的实际应用作为工作的重点，并结合人们的住房需求，采取最合理的办法，将建筑建设的环境水平提升，同时也要缓解在社会发展中所呈现出的资源稀缺的问题。

例如，可以结合区域气候特点来设计低能耗建筑；利用就地取材的方式来使建筑运输成本大大降低；利用采取多样化节能墙体材料来让建筑室内具备保温节能功能；应用太阳能、水能等可再生能源以降低生活热源成本；对建筑材料进行循环使用来实现建筑成本和环境成本的切实降低。

绿色建筑很大程度延伸了建筑材料的可选范围。绿色建筑发展了很多新型建筑材料和制成品有了可用之地，并且还进一步推动了工艺技术相对落后的产品的淘汰。例如，建筑业对多样化新型墙体保温材料的要求不断提高，GRC板等新型建筑材料层出不穷，基于这样的时代背景下，一些高耗能高成本的建筑材料渐渐被淘汰出局。

作为深度学习在计算机视觉领域应用的关键技术，卷积神经网络是通过设计仿生结构来模拟大脑皮质的人工神经网络，可实现多层网络结构的训练学习。同传统的图像处理算法相比较，卷积神经网络可以利用局部感受力，获得自主学习能力，以应对大规模图像处理数据，同时权值共享和池化函数设计减少了图像特征点的维数，降低了参数调整的复杂度，稀疏连接提高了网络结构的稳定性，最终产生用于分类的高级语义特征，因此被广泛应用于目标检测、图像分类领域。

以持续化发展为目的，促进社会经济可持续发展。

在信息技术快速发展的背景下，在社会各个领域中都有科学技术手段的应用。同样在建筑行业中，出现了很多绿色建筑的设计理念和相关技术，将资源浪费的情况从根本上降低，全面提升建筑工程的质量水平。除此之外，随着科学技术的发展，与过去的建筑设计相比，当前设计建筑的工作，在经济、质量以及环保方面都有着很大的突破，给建筑工程质量的提升打下了良好的基础。

伴随人类生产生活对于能源的不断消耗，我国能源短缺问题已经变得越来越严重，同时，社会经济的不断发展，让人们已经不仅仅满足最基本的生活需求，从十九大报告中"我国社会主要矛盾的转变"，可看出人们的生活需求正在变得逐步提升，都希望能够有一个健康舒适的生活环境。种种因素的推动下，大力发展绿色建筑已经成为我国建筑行业发展的必然趋势，相较于西方发达国家来说，我国建筑能耗严重，绿色建筑技术水平远远落后。本节首先探析了绿色建筑的相关概念界定，之后从节地设计、节能节材设计和水资源节约设计三个方面对绿色建筑设计特点进行了分析，详细描述了我国绿色建筑设计的发展趋势，最后阐明了绿色建筑设计的必要性。绿色建筑发展不仅仅是我国可持续发展对建筑行业发展提出来的必然要求，同时也是人们对生活质量提升和对工作环境的基本诉求。

第三节 绿色建筑方案设计思路

在社会发展的影响下，我国建筑越来越重视绿色设计，其已经成为建筑设计中非常重要的一环，建筑设计会慢慢地向绿色建筑设计靠拢，绿色建筑为人们提供高效、健康的生活，通过将节能、环保、低碳的意识融入建筑中，实现自然与社会的和谐共生。现在我国建筑行业对绿色建筑设计的重视程度非常高，绿色建筑设计理念既是一个全新的发展机遇，同时又面临着严重的挑战。在此基础上本节分析了绿色建筑设计思路在设计中的应用。分析和探讨绿色建筑设计理念与设计原则，并提出绿色建筑设计的具体应用方案。

近年来我国经济发展迅速，但是这样的发展程度，大多以环境的牺牲作为代价。目前，环保问题成为整个社会所关注的热点，如何在生活水平提高的同时对各类资源进行保护和如何对整个污染进行控制成为重点问题。尤其对于建筑业来说，所需要的资源消耗较大，也就意味着会在整个建筑施工的过程中造成大量的资源浪费。而毋庸置疑的是建筑业所需要的各种材料，往往也是通过极大的能源来进行制造的，而制造的过程也会造成很多的污染，比如钢铁制造业对于大气的污染，粉刷墙用的油漆制造对于水源的污染。为了减少各种污染所造成的损害，于是提出了绿色建筑这一体系，也就是说，在整个建筑物建设的过程中进行以环保为中心，减少污染控制的建造方法。绿色建筑体系，对于整个生态的发展和环境的可持续发展具有重要的意义。除此之外，所谓的绿色建筑并不仅仅只是建筑，本身是绿色健康环保的，他要求建筑的环境也是处于一个绿色环保的环境，可以给居住在其中的居民一个更为舒适的绿色生态环境。以下分为室内环境和室外环境来进行论述。

一、绿色建筑设计思路和现状

据不完全数据显示，建筑施工过程中产生的污染物质种类涵盖了固体、液体和气体三种，资源消耗上也包括了化工材料、水资源等物质，垃圾总量可以达到年均总量的40%左右，由此可以发现绿色建筑设计的重要性。简单来说，绿色建筑设计思路包括了节能能源、节约资源、回归自然等设计理念，就是以人的需求为核心，通过对建筑工程的合理设计，最大限度地降低污染和能源的消耗，实现环境和建筑的协调统一。设计的环节需要根据不同的气候区域环境有针对性的进行，并从建筑室内外环境、健康舒适性、安全可靠性、自然和谐性以及用水规划与供排水系统等因素出发合理设计。

在我国建筑设计中的应用受诸多因素的影响，还存在不少的问题，发展现状不容乐观。①尽管近些年建筑行业在国家建设生态环保型社会的要求下，进一步地扩大了绿色建筑的建筑范围，但绿色建筑设计与发达国家相比仍处于起步阶段，相关的建筑规范和要求仍然存在缺失、不合理的问题，监管层面更是严重缺乏，限制了绿色设计的实施效果。②相较于传统建筑施工，绿色建筑设计对操作工艺和经济成本的要求也很高，部分建设单位因成本等因素对于绿色设计思路的应用兴趣不高。③绿色建筑设计需要相关的设计人员具备高素质的建筑设计能力，并能够在此基础上将生态环保理念融合在设计中，但实际的设计情况明显与期待值不符，导致绿色建筑设计理念流于形式，未得到落实。

二、建筑设计中应用绿色设计思路的措施

绿色建筑材料设计。绿色建筑设计中，材料选择和设计首要的环节，在这一阶段，主要是从绿色选择和循环利用设计两个方面出发。

绿色建筑材料的选择。建筑工程中，前期的设计方案除了要根据施工现场绘制图纸外，还会结合建筑类型事先罗列出工程建设中所需的建筑材料，以供采购部门参考。但传统的建筑施工"重施工，轻设计"的观念导致材料选购清单的设计存在较大的问题，材料、设备过多或紧缺的现象时有发生。所以，绿色建筑设计思路要考虑到材料选购的环节，以环保节能清单为设计核心。综合考虑经济成本和生态效益，将建筑资金合理地分配到不同种类材料的选购上，可以把国家标准绿色建材参数和市面上的材料数据填写到统一的购物清单中，提高材料选择的环保性。而且，为了避免出现材料份额不当的问题，设计人员也要根据工程需求情况，设定一个合理数值范围，避免造成闲置和浪费。

循环材料设计。绿色建筑施工需要使用的材料种类和数量都较多，一旦管理的力度和范围有缺失就会资源的浪费，必须做好材料的循环使用设计方案。对于大部分的建筑施工而言，多数的材料都只使用了一次便无法再次利用，而且使用的塑料材质不容易降解，对环境造成了相当严重的污染。对此，在绿色建筑施工管理的要求下，可以先将废弃材料进行分类，一般情况下建材垃圾的种类有碎砌砖、砂浆、混凝土、砖头、包装材料以及屋面材料，设计方案中可以给出不同材料的循环方法，碎砌砖的再利用设计就可以是做脚线、阳台、花台、花园的补充铺垫或者重新进行制造，变成再生砖和砌块。

顶部设计。高层建筑的顶部设计在整体设计过程当中占据着非常重要的地位，独特的顶部设计能够增强整体设计的新鲜感，增强自身的独特性，更好地与其他建筑设计进行区分。比如说可以将建筑设计的顶部设计成蓝色天空的样子，等到晚上可以变成一个明亮的灯塔，给人眼前一亮的感觉。但是，并不可以单纯为了博得大家的关注而使用过多的建筑材料，避免造成资源浪费，顶部设计的独特性应该建立在节约能源资源的基础上，以绿色化设计为基础。

外墙保温系统设计。外墙自保温设计需要注意的是抹灰砂浆的配置要保证节能，尤其是抗裂性质的泥浆对于保证外保温系统的环保十分关键。为了保证砂浆维持在一个稳定的水平线以内，要在砂浆设计的过程中严格按照绿色节能标准，合理制定适当比例的乳胶粉和纤维元素比例，以保证砂浆对保温系统的作用。

个人认为，绿色建筑不光指民用建筑可持续发展建筑、生态建筑、回归大自然建筑、

节能环保建筑等，工业建筑方面也要考虑其绿色、环保的设计，减少环境影响。

刚刚设计完成的定州雁翎羽羽制品工业园区，正是考虑到了绿色环保这一方面，采用工业污水处理＋零排放技术。其规模及影响力在全国羽羽制品行业是首屈一指。

其地理位置正是位于雄安新区腹地，区位优势明显、交通便捷通畅、生态环境优良、资源环境承载能力较强，现有开发程度较低，发展空间充裕，具备高起点高标准开发建设的基本条件。为迎合国家千年大计之发展，该企业是羽羽行业单家企业最大的污水处理厂，工艺流程完善，污水多级回收重复利用，节能率最高，工艺设备最先进；总体池体结构复杂，污水处理厂区 130 * 150m，整体结构控制难度大，嵌套式水池分布，土结构地下深度深，且多层结构，土地利用率最充分，设计难度大。

整个厂区水循环系统为多点回用，污水处理有预处理＋生化＋深度生化处理＋过滤；后续配备超滤反渗透＋蒸发脱盐系统，是国内第一家真正实现生产污水零排放的羽羽企业。

简而言之，在建筑设计中应用绿色设计思路是非常有必要的，绿色建筑设计思路在当前建筑行业被广泛应用，也取得了较好的应用效果，进一步的研究是十分必要的，相信在以后的发展过程中，建筑设计中会加入更多地绿色设计思路，建筑绿色型建筑，为人们创建舒适的生活居住环境。

第四节　绿色建筑的设计及其实现

文章首先分析了绿色环境保护节能建筑设计的重要意义，随后介绍了绿色建筑初步策划、绿色建筑整体设计、绿色材料与资源的选择、绿色建筑建设施工等内容，希望能给相关人士提供参考。

随着近几年环境的恶化，绿色节能设计理念相继诞生，这也是近几年城市居民生活的直接诉求。在经济不断发展的背景下，人们对于生活质量的重视程度逐渐提升，使得环保节能设计逐渐成为建筑领域未来发展的主流方向。

一、绿色环境保护节能建筑设计的重要意义

绿色建筑拥有建筑物的各种功能，同时还可以按照环保节能原则实施高端设计，从而进一步满足人们对于建筑的各项需求。在现代化发展过程中，人们对于节能环保这一理念的接受程度不断提升，建筑行业领域想要实现可持续发展的目标，需要积极融入环保节能设计相关理念。而建筑应用期限以及建设质量在一定程度上会被环保节能设计综

合实力所影响，为了进一步提高绿色建筑建设质量，需要加强相关技术人员的环保设计实力，将环保节能融入建筑设计的各个环节中，从而提高建筑整体质量。

二、绿色建筑初步策划

节能建筑设计在进行整体规划的过程中，需要先考虑到环保方面的要求，通过有效的宏观调控手段，控制建筑环保性、经济性和商业性，从而促进三者之间维持一种良好的平衡状态。在保证建筑工程基础商业价值的同时，提高建筑整体环保性能。通常情况下，建筑物主要是一种坐北朝南的结构，这种结构不但能够保证房屋内部拥有充足的光照，同时还能提高建筑整体商业价值。实施节能设计的过程中，建筑通风是其中的重点环节，合理的通风设计可以进一步提高房屋通风质量，促进室内空气的正常流通，从而维持清新空气，提高空气和光照等资源的使用效率。在建筑工程中，室内建筑构造为整个工程中的核心内容，通过对建筑室内环境进行合理布局，可以促进室内空间的充分利用，促进个体空间与公共空间的有机结合，在最大程度上提升建筑节能环保效果。

三、绿色节能建筑整体设计

空间和外观。通过空间和外观的合理设计能够实现生态设计的目标。建筑表面积和覆盖体积之间的比例为建筑体型系数，该系数能够反映出建筑空间和外观的设计效果。如果外部环境相对稳定，则体型系数能够决定建筑能源消耗，比如建筑体型系数扩大，则建筑单位面积散热效果加强，使总体能源消耗增加，为此需要合理控制建筑体型系数。

门窗设计。建筑物外层便是门窗结构，会和外部环境空气进行直接接触，从而空气便会顺着门窗的空隙传入室内，影响室温状态，无法发挥良好的保温隔热效果。在这种情况下，需要进一步优化门窗设计。窗户在整个墙面中的比例应该维持一种适中状态，从而有效控制采暖消耗。对门窗开关形式进行合理设计，比如推拉式门窗能够防止室内空气对流。在门窗的上层添加嵌入式的遮阳棚，从而对阳光照射量进行合理调节，促进室内温度维持一种相对平衡的状态，维持在一种最佳的人体舒适温度。

墙体设计。建筑墙体功能之一便是促进建筑物维持良好的温度状态。进行环保节能设计的过程中，需要充分结合建筑墙体作用特征，提升建筑物外墙保温效果，扩大外墙混凝土厚度，通过新型的节能材料提升整体保温效果。最新研发出来的保温材料有耐火纤维、膨胀砂浆和泡沫塑料板等。相关新兴材料能够进一步减缓户外空气朝室内的传播渗透速度，从而降低户外温度对于室内温度的不良影响，达到一种良好的保温效果。除此之外，新型材料还可以有效预防热桥和冷桥磨损建筑物墙体，增加墙体使用期限。

四、绿色材料与资源的选择

合理选择建筑材料。材料是对建筑进行环保节能设计中的重要环节，建筑工程结构十分复杂，因此对于材料的消耗也相对较大，尤其是在各种给水材料和装饰材料中。通过高质量装饰材料能够凸显建筑环保节能功能，比如通过淡色系的材料进行装饰，不仅可以进一步提高整个室内空间的开阔度和透光效果，同时还能够对室内的光照环境进行合理调节，随后结合室内采光状态调整光照，降低电力消耗。建筑工程施工中给排水施工是重要环节，为此需要加强环保设计，尽量选择环保耐用、节能环保、危险系数较低的管材，从而进一步增加排水管道应用期限，降低管道维修次数，为人们提供更加方便的生活，提升整个排水系统的稳定性与安全性。

利用清洁能源。对清洁能源的应用技术是最新发展出来的一种广泛应用于建筑领域中的技术，受到人们广泛欢迎，同时也是环保节能设计中的核心技术。其中难度较高的技术为风能技术、地热技术和太阳能技术。而相关技术开发出来的也是可再生能源，永远不会枯竭。将相关尖端技术有效融入于建筑领域中，可以为环保节能设计奠定基础保障。在现代建筑中太阳能的应用逐渐扩大，人们能够通过太阳能直接进行发电与取暖，也是现代环保节能设计中的重要能源渠道。社会的发展离不开能源，而随着我们发展速度不断加快，对于能源的消耗也逐渐增加，清洁能源的有效利用可以进一步减轻能源压力，同时清洁能源还不会造成二次污染，满足人们绿色生活要求。当下建筑领域中的清洁能源以自然光源为主，能够有效减轻视觉压力，为此在设计过程中需要提升自然光利用率，结合光线衍射、反射与折射原理，合理利用光源。因为太阳能供电需要投入大量资金资源进行基础设备建设，在一定程度上阻碍了太阳能技术的推广。风能的应用则十分灵活，包括机械能、热能和电能等，都可以由风能转化并进行储存，从这种角度来看风能比太阳能拥有更为广阔的开发前景。绿色节能技术的发展能够在建筑领域中发挥出更大的作用。

五、绿色建筑建设施工技术

地源热泵技术。地源热泵技术常用于解决建筑物中的供热和制冷难题，能够发挥出良好的能源节约效果。和空气热泵技术相比，地源热泵技术在实践操作过程中，不会对生态环境造成太大的影响，只会对周围部分土壤的温度造成一定影响，对于水质和水位没有太大影响，因此可以说地源热泵拥有良好的环保效果。地理管线应用性能容易被外界温度所影响，在热量吸收与排放两者之间相互抵消的条件下，地源热泵能够达到一种最佳的应用状态。我国南北方存在巨大温差，为此在维护地理管线的过程中也需要使用不同的处理措施。北方可以通过增设辅助供热系统的方式，分散地源热泵的运行压力，提高系统运行稳定性；而南方地区则可以通过冷却塔的方式分散地源热泵的工作负担，延长地源热泵应用期限。

蓄冷系统。通过优化设计蓄冷系统，可以对送风温度进行全面控制，减少系统中的运行能耗。因为夜晚的温度通常都比较低，能够方便在降低系统能耗的基础上，有效储存冷气，在电量消耗相对较大的情况下有效储存冷气，随后在电力消耗较大的情况下，促进系统将冷气自动排送出去，结束供冷工作，减少电费消耗。条件相同的情况下，储存冰的冷器量远远大于水的冷气量，同时冰所占的储冷容积也相对较小，为此热量损失较低，能够有效控制能量消耗。

自然通风。自然通风可以促进室内空气的快速流动，从而使室内外空气实现顺畅交换，维持室内新鲜的空气状态，使其满足舒适度要求，同时不会额外消耗各种能源，降低污染物产量，在零能耗的条件下，促进室内的空气状态达到一种良好的状态。在该种理念的启发下，绿色空调暖通的设计理念相继诞生。自然通风主要可以分为热压通风和风压通风两种形式，而占据核心地位和主导优势的是风压通风。建筑物附近风压条件也会对整体通风效果产生一定影响。在这种情况下，需要合理选择建筑物具体位置，充分结合建筑物的整体朝向和分布格局进行科学分析，提高建筑物整体通风效果。在设计过程中，还需充分结合建筑物剖面和平面状态进行综合考虑，尽量降低空气阻力对于建筑物的影响，扩大门窗面积，使其维持在同一水平面，实现减小空气阻力的效果。天气因素是影响户外风速的主要原因，为此在对建筑窗户进行环保节能设计时，可以通过添加百叶窗对风速进行合理调控，从而进一步减轻户外风速对于室内通风的影响。热压通风和空气密度之间的联系比较密切。室内外温度差异容易影响整体空气密度，空气能够从高密度区域流向低密度区域，促进室内外空气的顺畅流通，通过流入室外干净的空气，从而把室内浑浊的空气排送出去，提升室内整体空气质量。

空调暖通。建筑物保温功能主要是通过空调暖通实现的。为了实现节能目标，可以对空调的运行功率进行合理调控，从而有效减少室内热量消耗，提高空调暖通的环保节能效果。除此之外，还可以通过对空调风量进行合理调控的方法降低空调运行压力，减少空调能耗，实现节能目标。把变频技术融入空调暖通系统中，能够进一步减少空调能耗，和传统技术下的能耗相比降低了四成，提高了暖通空调的节能效果。经济发展带来双重后果：一是提升了人们整体生活质量，二是加重了环境污染，威胁到人们身体健康。对空调暖通进行优化设计能够有效降低污染物排放，减少能源消耗，从而提升整体环境质量。在对建筑中的空调暖通设备进行设计的过程中，还需要充分结合建筑外部气流状况和建筑当地地理状况，有效选择环保材料，促进系统升级，提升环保节能设计的社会性与经济效益。

电气节能技术。在新时期的建筑设计中，电气节能技术的应用范围逐渐扩大，能够进一步减少能源消耗。电气节能技术大都应用于照明系统、供电系统和机电系统中。在配置供电系统相关基础设备的过程中，应该始终坚持安全和简单的原则，预防出现相同电压变配电技术超出两端问题的出现，外变配电所应该和负荷中心之间维持较近的距离，从而能够有效减少能源消耗，促进整个线路的电压维持一种稳定的状态。为了降低变压器空载过程中的能量损耗，可以选择配置节能变压器。为了进一步保证热稳定性，控制电压损耗，应该合理配置电缆电线。照明设计和配置两者之间完全不同，照明设计需要符合相应的照度标准，只有合理设计照度才能降低电气系统能源消耗，实现优化配置终极目标。

综上所述，环保节能设计符合新时期的发展诉求，同时也是建筑领域未来发展的主流方向，能够促进人们生活环境和生活质量的不断优化，在保证建筑整体功能的基础上，为人们提供舒适生活，打造生态建筑。

第五节　绿色建筑设计的美学思考

在以绿色与发展为主题的当今社会，随着我国经济的飞速发展，科技创新不断进步，在此影响下绿色建筑在我国得以全面发展贯彻，各类优秀的绿色建筑案例不断涌现，这给建筑设计领域也带来了一场革命。建筑作为一门凝固的艺术，其本身是以建筑的工程技术为基础的一种造型艺术。绿色技术对建筑造型的设计影响显著，希望本节这些总结归纳能对从事建筑业的同行有所帮助和借鉴。

建筑是人类改造自然的产物，绿色建筑是建筑学发展到当前阶段人类对我们不断恶化的居住环境的回应。在绿色建筑的主题也更是对建筑三要素"实用、经济、美观"的最好解答，基于此，对绿色建筑下的建筑形式美学展开研究分析，就十分的必要了。

一、绿色建筑设计的美学基本原则

"四节一环保"是绿色建筑概念最基本的要求，新的国家标准 GBT 50378—2009《绿色评价标准》更是在之前的基础上体现出了"以人为本"的设计理念。因此对于绿色建

遮阳板，可以"呼吸"的玻璃幕墙，立体绿化立面等等，这些都展现出了科技美与生态美理念。

绿色室内空间设计。在室内空间方面，首先绿色建筑提倡装修一体化设计，这可以缩短建筑工期，减少二次装修带来的建筑材料上的浪费。从建筑空间艺术角度，一体化设计更有利于建筑师对建筑室内外整体建筑效果的把控，有利于建筑空间氛围的营造，实现高品位的空间设计。从室内空间的舒适性方面，绿色建筑的室内空间要求能改善室内自然通风与自然采光条件。基于此，中庭空间无疑是最常用的建筑室内空间。结合建筑的朝向以及主要风向设置中庭，形成通风甬道。同时将外部自然光引入室内、利用烟囱的效应，有助于引进自然气流，置换优质的新鲜空气。中庭地面设置绿化、水池等景观，在提供视觉效果的同时，更有利于改造室内小气候。

绿色建筑景观设计。景观设计由于其所处国家及文化不同，设计思想差异很大，以古典园林为代表的中国传统景观思想讲究体现自然山水的自然美，而西方古典园林则是以表达几何美为主。在这两种哲学思想下，形成了现代景观设计的两条主线。绿色主题下的景观设计应该更重视建立良性循环的生态系统，体现自然元素和自然过程，减少人工痕迹。在绿化布局中，我们要改变过去单纯二维平面维度的布置思路，而应该提高绿容率，讲究立体绿化布置。在植物配置的选择上应以乡土树种为主，提倡"乔、灌、草"的科学搭配，提高整个绿地生态系统对基地人居环境质量的功能作用。

绿色建筑的发展打破了固有的建筑模式，给建筑行业注入了新的活力。伴随着人们对绿色建筑认识的提高，也会不断提升对于绿色建筑的审美能力，我们作为建筑师更应该提升个人修养，杜绝奇奇怪怪的建筑形式，创作符合大众审美的建筑作品。

第八章　智能建筑设计

第一节　智能建筑设计的相关问题

作为建筑科技、通信技术、信息设计的综合产物，智能建筑的出现为建筑的发展开辟了全新道路，如何把握智能建筑的发展趋势，如何重新定义和定位智能建筑的内涵成为建筑设计师的首要目标。基于这一认识，结合智能建筑的定义与实际工作中的设计经验，论述智能建筑在设计过程中遇到的主要问题，为掌握智能建筑设计创新提供参考，进一步提高设计水平。

智能建筑指通过将建筑物的结构、系统、服务和管理根据用户的需求进行最优化组合，从而为用户提供一个高效、舒适、便利的人性化建筑环境。智能建筑的发展得益于经济、文化和科技的迅速发展，智能建筑的出现重新优化了人们的生活环境、居住空间和交往条件。智能建筑这一概念起源于20世纪80年代的美国，世界上第一座智能大厦—38层高的"都市大厦"坐落于美国康涅狄格州的哈特福特市。随着电子技术在智能建筑中的应用，英国、法国、日本、德国、加拿大、瑞典等国家也紧随美国智能建筑工程的步伐，也相继落成了各具特色的智能建筑。日本60%以上的新落成的建筑是智能建筑，在我国，改革开放之后，我国智能建筑建设的步伐启动，起初，仅限于沿海经济特区和首都北京，1992年后，中国大陆的智能建筑开始普及。眼下全国的智能建筑的建设正在迅速展开，我国已成为世界智能建筑市场发展规模最大和速度最快的国家。

一、智能建筑系统设计

（一）智能建筑的自动化系统设计

自动化系统在智能建筑中广泛应用，主要包括通信网络自动化系统，办公自动化系统和建筑设备自动化系统，明确上述系统的设计之后再进行智能建筑的设计。在一般建筑中，自动化系统设计已经有所体现，在自动化的基础上为最大限度地提高自动化利用率，智能建筑需要加强对通风、火警、变配电、给排水等各种设备运行状态的监控，以达到统一管理、分散控制和节能减排的目标。

（二）智能建筑的通讯系统设计

以综合布线为基础的通信网络自动化系统为保证智能建筑通信的畅通，需要利用多种设备完成对语音、图像、控制信号的利用和传输，因此在设计之初，就要以 EIA/TIA 的建筑布线标准作为依据。维护费用在传统建筑物中占比高达 55%，综合布线系统较好地解决了此类问题，不过当 UTP 符合要求时，综合考虑后选择 PBS，不需要刻意使用 STP 或 SSTP 追求隐秘和安全。

（三）智能建筑的办公系统设计

人们对办公系统自动化的要求随着现代社会数据处理量和文件资料数量的增加进一步提高，可以通过计算机与通信技术实现。办公自动化系统主要包括主计算机、传真机、声像储存设备等一系列办公设备，办公自动化系统可以帮助用户实现自动化的办公。

仅仅是简单地将上述系统叠加起来是无法起到预期的作用的，针对智能建筑规模大小，设计相应的集成技术，为达到有效利用三大系统的智能建筑功能、共享信息、管理信息的目的，需要把分散的信息和设备统一集成在一个综合管理系统中。通信协议和接口符合国家标准是实现系统集成的前提。智能建筑已经不能满足于眼下常见的开放式数据互联技术、过程控制技术，Web 服务 IP 以太网这种类似的先进的新型集成技术应该在智能建筑的设计中得到应用，以确保集成的效果。

二、智能建筑的内部结构设计

天花板、屋顶、墙面以及地面等属于智能建筑内部结构设计的范畴。

（一）智能建筑的屋顶的设计

智能建筑屋顶是其与外界环境交换的主要部分影响着智能建筑的使用性能和居住，在考虑防雷的同时，综合考虑对太阳能和风能的利用，达到节能减排的目标，践行绿色环保理念，防雷措施可以考虑加强传统防雷设备、等电位连接、接地等方面着手。另一方面，屋顶也是多种设备集中运营的空间，需要全面考虑优化资源空间，设备摆放情况，降低设备运行的噪声、电磁场等因素。天花板在设计时需要考虑天花板材质和性能，天花板负责淋浴、照明和送风系统的走线和出口任务。

（二）智能建筑的照明系统设计

另外为避免出现因智能建筑中视觉显示设备过多导致的眩光问题，这就对照明系统的设计提出了较高的要求，垂直和水平间的关系以及灯具摆放位置需要合理有效。同时，由于照明系统能耗占智能建筑总能耗达 70%，应选择节能灯具降低能耗。地面可以设计为架空便于对线路进行控制。智能建筑中墙面不仅仅可以起到隔断和出站口作用，墙内也可以作为布置各类传感器的空间。

（三）智能建筑的节能设计

当今社会倡导保护环境，节约资源，因此高效利用能源，充分利用自然资源，也是智能建筑设计时的重点考虑因素，智能建筑的根本特征之一就是能源的高效利用，通过设计节能器具，降低智能建筑的能耗标准，综合考虑智能建筑在能源消耗方面的消费，实现节能状态下智能建筑的正常运行状态。

综上所述，智能建筑的设计是智能建筑发展的灵魂，在进行智能建筑设计时，对于三大系统之间和内部结构的科学合理地设计是保障智能建筑发挥其作用的前提。智能建筑需要将数字与文化，科技与生态结合起来，打造符合人类科学需求的智能建筑。

第二节　智能建筑设计模式

对于智能建筑而言，设计是非常重要的内容和环节，智能建筑本身的智能化水平是和建筑设计的情况有着直接联系的。这便需要重视智能建筑设计的管理工作，根据需要不断地对设计方案进行优化，将智能建筑的作用真正的发挥出来，给居民提供更好的服务。本节主要探讨研究了智能建筑的设计，并根据需要找到了一些设计方法，希望能够推动智能建筑更好的发展和进步。

随着计算机技术、电子科技技术的不断进步和发展，建筑也呈现出了智能化的趋势，各国对智能建筑愈加的重视，智能建筑的出现也改变了建筑行业，改变了以往建筑的功能和结构。智能建筑不再仅仅是以往的砖石结合体，而是将现代科技很好地运用了进去，让建筑的灵活性更加出色，智能化水平很高。智能建筑也是将来建筑发展的一个方向，但是就现在而言，进行智能建筑设计的时候，方法还没有真正的成熟完善，必须采取措施重视建筑设计水平的提高，不断地对建筑设计措施进行完善。

一、智能建筑设计的情况和特点

和一般的建筑设计有着明显的区别，在进行智能建筑设计的时候，必须要把科学技术结合在建筑结构设计中去，并且还应该重视可持续发展理念的体现，这也是进行智能建筑设计的一个最基本原则。在设计智能建筑的时候，除了确保其能够很好地满足人们的实际生活需要，还应该重视环境的保护，节约能源，降低出现的资源浪费，这便要求在进行智能建筑设计的时候，应该将下面几项特征体现出来。

（一）节约性

在设计智能建筑的时候，应该重视现代科技的使用，重视资源消耗的降低，从而达到节约资源的目的。降低能源消耗指的是减少使用那些不可再生的资源，而重视清洁能源的使用和新能源的研发。在设计的过程中优化自然采光和通风，将风能、太阳能、地热能等新型能源利用进去，改进以往的暖通空调系统、照明系统以及排水系统等，重视能耗的降低和资源的节约。

（二）生态性

生态性在智能建筑中主要的表现便是绿色设计，这便要求建筑设计人员在进行智能建筑设计的时候，必须重视建筑和自然环境本身的协调工作，将现有的自然景观利用起来，在降低环境破坏的同时，促进自然和建筑更加和谐的发展。

（三）人性化

在进行智能建筑设计的时候，首先应该保证自动化控制系统的先进性，从而对整个建筑进行调节，给人们提供一个舒适的环境；其次，应该保证通信网络设施的良好，这样能够保证整个建筑信息数据流通的畅通性；再次还应该提供商业支持方面的功能，从而不断地提高整个建筑本身的工作效率和服务质量；最后还应该保证排泄系统的良好性，在保证无害的同时还应该更好的方便人们的生活。

（四）集约化

在智能建筑中，集约化也是其节能性体现的重要方面。以往在进行建筑设计的时候，往往会重视建筑的宽阔和大气，建筑本身的空间会比较大，并且开放性比较强，这样不仅会导致资源浪费的增加，对管理应用更好地进行也非常的不利。这便需要在进行智能建筑设计的时候，重视空间资源的合理利用，将各种设计手法利用起来，提高空间的利用效率，实现集约化，重视能源的浪费，提高智能建筑设计的实际水平，让建筑本身更加的人性化和紧凑。

二、进行智能建筑设计的一些方法

（一）智能建筑地面设计

在进行智能建筑地面设计的时候，可以将预制槽线楼板面层、架空地面以及地毯地面利用进去，架空地面本身布线的时候容量会比较大，并且布线方便。双层地面在进行弱电和强电布置的时候，可以分开进行，可以将其运用到旧楼改造中去，但是会导致地面出现高差的出现，在里面居住的时候很容易有不方便的感觉。在办公自动化的房间中，楼板面层预制线槽都可以运用进去，不会出现高差，施工的时候也非常的方便，可以在面层的十厘米以内进行布设。在方块地毯的下面进行布线系统的布置，这种情况在层高受到限制的时候使用比较多，需要分支线路本身的线路和交叉点都比较少，施工的时候一般会使用扁平线，并且施工非常方便，但是在施工的过程中应该注意将其和办公家具结合在一起，做好防静电处理，保证使用的安全性。

（二）智能建筑的墙面设计

在智能建筑中，进行墙体设计的时候，除了需要做好隔断，在墙面上还可以将出线口做出来，在墙体中还可以将控制设施以及传感器布置进去。

（三）智能建筑的天花板设计

在智能建筑中，天花板负责的任务比较多，比如说送风、照明、出风、喷洒和烟感等等，此外还会在天花板中走线，所以必须做好天花板设计，保证设计的实际质量。

（四）智能建筑的专用机能室设计

1. 中央控制室

在智能建筑中，中央控制室的作用非常重要，其需要监控建筑的安全情况、设备运转情况等。

2. 咨询中心

咨询中心中需要进行电脑、电子档案、多功能工作站、微缩阅读、影像设备输出和输入、闭路电视等一系列设备的配置。在进行电视会议室设计的时候，应该考虑到配电、光源、音响以及照度等等，保证设计的合理性。

3. 决策室设计

在智能建筑中进行决策室设计的时候，需要考虑的综合因素比较多，比如说音响、会议、声音、通信系统以及电脑等等。此外，在设计的时候，还应该考虑搭配电脑机房、接待柜台等等。

（五）智能建筑的屋顶设计

在智能建筑中，建筑屋顶是直接和自然接触的一个空间，作用非常重要，一般情况下，在智能建筑屋顶上面会布置很多的设备，这便要求设计师在进行屋顶设计的时候，除了需要考虑到屋顶的绿化和美观，还应该将太阳能风能吸取的设备布置上去，将大自然提供的物质和能量很好地利用起来，与此同时，还应该根据需要进行防止自然力量侵袭的设备，做好预防方面的措施。此外，还应该充分的考虑和了解设备运转的时候，产生的噪声、振动以及电磁场等等，在电缆穿过之后，怎么做好漏水防治，做好电线基座防震、防风以及防水方面的设置，保证建筑功能的发挥。

（六）智能建筑外部空间设计

在建筑中，外部的开放空间具备功能方面的要求，建筑外部空间，根据其功能可以分成人的领域以及交通工具的领域。在设计的时候，为了保证人逗留空间本身的舒适感，一般会将空间限定的手段利用进去，来进行封闭感的营造。在进行封闭感营造的时候，无论是将墙运用进去还是通过标高的变化都可以进行不同程度封闭感的获得。并且外部空间和内部空间具有明显的不同，其流动和开放的特点比较明显，在进行区域限定的时候，可以将意念空间设计使用进去。建筑师可以重视空间布局本身的独特性，来进行功能分区的协调。

并且在进行建筑外部空间确定的时候，还应该和城市规划结合在一起，人们的生活习惯和日照情况都具备明显的不同，而空间尺度的不同，给人的感觉也是不同的，这便要求建筑师必须重视尺度差异的运用，进行外部空间形态的创造。想要让外部空间更加的丰富和有序，便必须和空间层次结合在一起，保证其秩序。一般情况下，外部空间序列的时候，一般有两种形式分别是曲径通幽和开门见山。

随着社会和时代的发展和进步，建筑智能化也是建筑发展的大趋势，这便要求建筑设计师必须认识到智能建筑设计的重要性，根据需要不断的改进自己的设计理念，将新的设计手段和方法运用进去，提高建筑本身的智能性，将其功能更好地发挥出来。

第三节　智能建筑的弱电工程设计

智能建筑在现阶段的社会发展中得到了较好的推广和普及，这种智能建筑的应用也确实在较大程度上提升了建筑行业的发展水平，科技化程度不断提升，相应的便捷性和应用灵活性也不断提升。具体到这种智能建筑的构建过程中来看，弱电系统是比较核心的一个方面，其直接关系到智能建筑各项功能的实现，相应的设计难度也比较大，进而也就需要设计人员围绕着相应的智能建筑弱电系统功能需求进行全面分析，切实做好弱电智能化系统设计工作。

一、智能建筑弱电设计的基本思路

智能建筑弱电设计的关键是系统集成，这种集成不仅反映在整幢楼或整个小区，更重要的是反映在每一住户单元。任何一种集成都要求各系统、各设备有开放的通信协议，在大家认同的标准下进行通讯及控制，系统集成的最终目标就是让用户得到满足其要求的最优方案，将原来相对独立的资源、功能等有机的集合到一个相互关联、协调统一的完整系统中。作为智能建筑弱电设计人员，我们所必须解决的问题是技术要求、技术指标以及广泛适应的走线条件。在此先分析一下结构化综合布线的优点。首先，结构化综合布线系统使用了标准化的线缆和接插头模块，非常便于各楼层及本楼层间的信息点管理，哪怕因办公室搬迁等因素造成的大量终端设备也仍能得到合理的使用。而传统布线，没有统一的标准，当设备需要移位时，会带来很多管理上的不方便或需要重新布线，且会对建筑物造成较大的破坏。其次，结构化综合布线有很强的扩展能力，同时结构化综合布线线缆还可以提供高速的信息传输能力，除了满足当前各种网络的需要外，还能满足未来发展的需要。

根据上述结构化综合布线系统所具备的优点，结合建筑物实际涉及的各个弱电系统，可以采用结构化综合布线系统作为语音、数据、图像及多媒体通信等系统的传输平台。而对于其他弱电系统，如建筑设备监控、火灾自动报警系统、安防监控系统等设备，固定性高，位置一般不会移动，尤其对于固定建筑物而言，这些系统的设备一旦选定，频繁更换的可能性和必要性都不大，所以这些弱电系统还是可以保持相对的独立性，甚至采用传统的配线方式亦无不可。当然在此基础上，我们要努力达到的是弱电控制系统的信息数据集成，因为这在智能建筑信息化系统中有着很不一般的意义。与此同时，智能化物业管理及信息管理服务都需要弱电控制系统提供数据信息，所以弱电控制系统集成应以信息数据集成为主要的方向。

二、智能建筑弱电系统施工常见问题

（一）设计图纸问题

弱电设计与土建设计不一致是施工图经常出现的一个问题。这主要表现在通道预留与建筑结构要求不符，例如因为设备构件与土建设备基础尺寸不相符，所以导致了消防控制室安装位置不合理，需对其进行改造。除此之外，在智能建筑的弱电工程中还存在电视、电话以及综合布线等设备安装图与系统图不符的情况，在设计过程中遗漏了个别的信号接点，例如消防控制与火灾自动报警系统的接点缺陷，这种问题一旦出现，可能导致电源强切、电梯迫降等功能不能顺利实现。

（二）设备材料问题

进场的设备材料也会出现一些问题，例如缺少产品合格证、进厂产品型号规格以及相关的说明书、实验记录等，这些资料是设备合格可以投入使用的有力证明，缺少了施工人员就可能不了解设备的具体情况，带来的最直接问题就是设备不能及时的投入使用，不能使设备的各种功能得到及时的发挥。甚至一些情况下还有可能会出现使用淘汰产品、产品质量方面问题等等。还有一些产品只可以搭建单项子系统，并不具备与其他子系统接口组网的能力，这些设备一旦投入使用，将会为后期的施工带来麻烦。

（三）施工组织问题

在施工过程中施工组织设计的缺乏已经成为目前建筑施工中存在的普遍问题，并且施工组织缺少对弱电安装的相关内容，在施工过程中设计方案成为一种形式。技术人员因为受到传统习惯或者行政管理的影响，实际工作协调不力。此外，还存在一些先进施工场地对方便位置进行占据的问题，各专业设备和管线施工之间很难得到有效的配合。

三、智能建筑弱电系统设计

（一）提高设计规范，加强智能化设计水平

施工方案设计与功能设计是整个弱电工程设计过程中的主要环节。此阶段的设计过程将直接决定建筑弱电智能化系统工程的总体方案。显然，要想让设计工程的质量得到有效保障，我们就必须保证所设计功能以及使用的设备与设计的方法都完全符合于实际的施工合同要求，并且要以广大用户的角度来对智能化水平进行客观的评价。同时，在弱电工程的设计中，必须充分结合设计设备的功能来合理制定相应的施工内容。而所提供的智能化设计内容也必须充分的结合目前我国电子设备技术的发展现状，要新的智能化设计方案。另外，必须让设计工程的信号匹配、系统功能以及施工工序的合理性得到保障，对施工总体方案也要进行严格的审核，只有这样，智能化工程设计的规范性才能够得到充分的保证。

（二）仔细审查设计图纸

弱电系统施工过程中存在一系列的相关设计规范，施工规范以及验收评定标准，施工技术人员应该结合这些规定与标准中的要求对设计方案进行审查优化，并与设计方案中相关内容相结合，以施工现场实际情况为依据对设计图纸进行会审。房间标高、尺寸等均应满足设计规范要求，针对新材料与新技术，结合相关标准规范展开核查。如果在

审查过程中发现设计问题，应该直接以书面形式提供给建设单位。在建筑工程项目开始施工之前，应由电气技术人员对施工图纸进行深入了解与熟悉，同时与土建施工技术人员一同对土建施工图纸进行检查，将施工中施工交叉的地方列出来，结合土建施工计划对线路保护管敷设，桥架穿墙板留洞和支吊架预埋等列出相应的配合交叉施工计划，并对配合顺序进行进一步的优化，对施工过程中的一些质量通病进行把控，避免出现施工质量问题。同时在土建施工过程中还要制作好各种预埋件，做好必要的防腐处理工作，随土建施工进行预留预埋。

（三）严把设备与材料验收关

相关设备、材料、成品、半成品必须进行入场检验，一定要做到以下几点：

第一，对合格证（入场材料）进行认真检查。这里所说的检查主要包括产品的包装、品种、规格和附件等，以上资料均要求详细明确，如对产品质量有异议应送至有资质的第三方检验机构进行抽样检测，并出具检测报告，确认符合相关技术标准规定并满足设计要求，才能在后续施工中使用。

第二，对检验记录进行认真检查。应该按照现行的国家产品标准进行产品质量检查，检查的内容包括产品的功能、性能以及外观等方面。如果产品不具备现场检测条件，应要求供货方出具相关的检测报告，并对产品供应商提供的登记文件和相关检测报告进行进一步确认。

第三，软件、硬件以及系统接口的制造和供应商，按照相关要求与规定，均要提供产品使用和安装调试等方面的文件，这样才能使工程质量得到保证。

第四，对设备、技术说明等材料进行检查，看是否与相关要求相符合。

（四）重点做好各子系统的施工质量管理工作

安全防范系统、背景音响和紧急广播系统、卫星等有线系统等弱电子系统与建筑土建、装饰施工存在密切联系。弱电在进行施工时，施工单位要重视的内容不仅是各子系统的使用功能，还要重视的是观感验收。如，放在弱电井的控制箱其中的内接线要规格排列；室内的各项操作要到位，如排列整齐好各子系统的信息面板，具有详细标注。与此同时，在实行机电设备的安装工作时，要以各系统平面管线敷设图为依据。

（五）确保管线施工的质量问题

①置于同一管路内的线路主要系统、电压、电流类别相同。②在进行综合布线穿线的工作时，要均匀用力，避免线打弯的现象发生，如果发生，马上停止，要解绕后再继续相关动作，双绞密度一旦遭到破坏会对运输的速度产生干扰。③布管时的接头也有要求，不能有毛刺，穿线时要做到不划伤线；管在进行拐弯操作时，弯度要适宜，符合规

定；安装桥架时，接头处要高低适宜，不能存在明显差异，这样进行拉线操作时，因为没有阻力就不会挂坏线缆；防护工作要到位，如竖向桥架和横向桥架的交接工作，确保穿线操作时，因为外力的关系，线缆不会断开。④标注好各弱电系统的传输线路，选取不同颜色的绝缘导线分开标记，在对一个工程施工时，线别相同其颜色要相同，在接线端做标号。强电管线和弱点管线要求保持距离，互不干扰。⑤要求预埋的电线管不可以在钢筋的外侧进行敷设，是为了保证结构和保护层的厚度。同一处管路的进行交叉时要小于等于 3 条，线管并排绑扎的操作是坚决杜绝的。⑥将管与管、管与盒要进行牢固连接，不能出现堵塞现象，进行牢固绑扎。⑦在住宅区的墙体上通常都有开关和插座，对墙体必须进行准确定位。

总之，智能建筑在采取弱电系统时，具有相当的复杂性和紧密性，这对于整个智能建筑性能的发挥有着重要的影响。所以这就要求在安装智能建筑弱电系统时，务必要对安装的质量和水平进行有效的管理和控制，实现有关专业的相互协作，从而使智能建筑能够最大限度地发挥自身的性能。我国的科学技术在不断的发展和进步，这也在一定程度上推动了智能建筑弱电系统的应用进程，促进高层智能建筑弱电系统安装的科学化。

第四节　智能建筑防雷设计

针对智能建筑防雷问题，以湖南气象夏季多雷电为背景，通过工程实例，对建筑综合布线系统，进行防雷设计。综合布线防雷设计，充分的利用建筑自动化控制系统与通信系统等，实现综合布线，重点布设防雷接地设备，以确保智能建筑的防雷性能，减少雷击对智能建筑的影响。

近年来，智能建筑逐渐兴起，成为现代建筑的象征。在实际建设的过程中，要考虑到雷击问题，尤其是南方地区，夏季多雷电，对智能建筑的影响较大，尤其是电气设备。基于此，要做好智能建筑内外的防雷电设计，合理布设防雷措施，利用防雷设施与技术，来提高建筑的抵抗雷击能力。

一、智能建筑雷击类型分析

就智能建筑雷击情况来看，雷电袭击类型主要包括直击雷以及感应雷。通常情况下，直击雷不会直接击中智能建筑内部的电子设备，可以不特意设置防雷装置。感应雷是出现强烈的雷电时，也会产生强磁场变化，其与导体感应的过电压与电流共同作用而形成的。感应雷对智能建筑的影响是致命的，所以必须要设置防雷措施。

二、智能建筑防雷设计技术

（一）分流技术

智能建筑防雷设计技术中，分流技术较为常用，是智能建筑防雷设计中，常用的电气防雷措施。分流措施的应用，能够起到保护电气系统的作用，比如设备与线路。在实际设计的过程中，分流优化设计重点在于避雷装置的布设设计。当发生雷击时，避雷装置能够降低电阻，可以形成短路，分散因为雷击作业而产生的电流，将电流直接引入到大地中。

（二）接闪技术

在进行智能防雷设计的过程中，运用接闪技术，能够为雷击的传播，提供专用通道。在传播通道中，能够确保雷电波安全释放，同时不会对智能建筑电气系统的运行，造成不利的影响，能够有效地降低因为雷击作用而造成的破坏。利用接闪措施，具有较强的防雷击目的，而且应用效益较高，能够保证电气系统安全运行，避免雷击破坏。

（三）均压技术

智能建筑防雷设计中，运用均压防雷措施，其关键在于实现等电位，此措施的原理，类似于联合保护技术，可以通过控制电位差，达到均匀防雷环境的目的，此方法能够达到智能建筑防雷击要求。同时为智能建筑电气系统安全运行，提供了高效的防雷措施，能够确保电气系统运行的可靠性与安全性。

三、智能建筑防雷设计

湖南省某建筑工程地上 28 层，地下 2 层，主要构成包括主楼与裙楼，建筑高度为89.2m。建筑顶端设置接闪器，配网系统电源加设过电压保护器，以此预防雷电波入侵。低压系统接地，采取的是 TN-S 的形式，进出线管道与外皮等，采取的是就近接地方式。现对此建筑综合布线系统防雷设计，做以下论述：

（一）工作区域系统

建筑综合布线系统工作区，主要是由跳线与插座构成，为了能够确保计算机网络系统稳定运行，采取固定信息插口的方式，控制传输速率在 100Mbps 左右。

（二）综合布线安全设计

为了能够确保智能建筑安全用电，按照相关标准与规范，进行综合布线，在设计时要合理的控制电力电缆距离，保证电阻＜4Ω。利用金属管，来屏蔽静电，以确保系统屏蔽的连续性。主配线之间利用铜缆配线架与同轴电缆，采取综合布线系统，来进行差别设计。

（三）防雷设计

1. 安装防雷仪器

电气线路利用配电箱，来布置电压保护器与钢管等，对电气设备与航空彩灯等，进行防雷保护。为了避免雷击对智能建筑内部电气设备造成影响，在进行电气系统设计时，建筑内层的供电线路均需要安装保护器，来避免雷电电波侵入，减少雷击电压。建筑内部的各类线路与金属管道等，通过全线埋地的方式，埋入到建筑内。利用金属管道，将入户端的电气装置以及金属外皮等相互连接。建筑内部的所有电气设备与金属管道，均需要布设接地装置，在进出口和防雷接地相互连接。建筑室外防雷，主要是针对空调主机与安装支架等，在建筑窗口前，布设金属分线盒，材质为镀锌扁铁，通过钢筋引入线焊接扁铁的一端，另外端口与多股导线连接。在使用时，只需要将盒子内的导线，直接与室外的空调机连接。

2. 建筑物等电位接地

智能建筑防雷措施中，等电位连接是主要形式。实现等电位接地与连接，能够在发生雷击时，降低电气设施因为外露而造成触电的概率，能够降低电气保护动作的危险性，除此之外还可以降低危险电压产生的概率。电气灾害虽然不是因为电位高低造成的，但与电位差有着直接的关系。利用等电位连接与接地，能够消除电位差，确保电气设备与人员的安全。智能建筑内部若能够将等电位连接导体连接起来，比如导电物体或者独立装置等，能够有效地减少电位差。通常电气系统内的金属组件和共用接地系统，其实现等电位连接，可以采取 S 型星型结构或者 M 型网型结构，本工程采取的是 S 型，因为 S 型等电位连接网络，能够用于较小的系统或者设备，设施管线与电缆最好要从接地基准点，接入系统内。

3. 注意事项

智能建筑防雷工作中，屏蔽工作是基础，能够确保智能建筑的防雷击能力。当发生雷击时，会产生电磁波，对电气系统设备的安全运行，造成极大的影响，因此需要在设计防雷时，做好屏蔽设计，基于智能建筑的防雷需求，通过钢筋引线，形成等电位结构。因为钢筋的应用，可以实现分流，以高效地完成屏蔽工作。综合布线是智能建筑防雷的重点，在设计时要采取管内敷设的形式，以屏蔽电缆，基于此进行垂直布设。

雷击对智能建筑的影响较大，尤其是电气系统，若未能做好电气系统防雷设计，则会对居民的安全性，造成极大的威胁，对此需要合理的设计智能建筑防雷，采取综合布线的方式，合理布设防雷装置，以提高电气防雷性能。

第五节　智能建筑地基结构设计

基础设计是智能建筑设计中的重要内容，也是保证建筑整体结构安全、可靠的关键因素。当前，建筑高度在不断增高，上部荷载较大，增加了基础工程承载力，加上地基工程属于地下隐蔽工程，存在的安全隐患较多，一旦发生事故，将会造成严重的人员伤亡和经济损失。基于此，本节结合作者工作经验对智能建筑地基结构设计进行研究。

近年来，在社会经济发展的带动下，我国建筑业也得到了较大的发展空间，同时，人们对建筑工程结构设计要求也越来越高，因此，要不断提高智能建筑工程结构设计水平，尤其是地基结构设计。在设计过程中要对建筑材料的性质和地基土的变化情况进行详细分析，合理选择智能建筑基础形式和建筑材料，杜绝安全隐患，从而保障建筑工程结构安全、稳定。为此，本节从地基结构设计的重要作用和设计要点入手，并进一步分析地基基础类型影响因素及注意事项，希望能够为相关设计人员提供参考。

一、智能建筑结构设计中地基设计的重要作用

智能建筑地基结构承担整个建筑结构全部荷载，保证建筑工程的安全、稳定，此外，还能延长建筑工程的使用年限，使智能建筑充分发挥自身的经济适用性。合理的地基基础结构设计对智能建筑整体质量的提升具有重要意义，因此，要把握设计要点，科学合理进行设计。

二、智能建筑地基结构设计要点分析

（一）桩基深度设计

在桩基础深度设计过程中，其持力层要选择坚硬的岩石，当桩端部插入到持力层中，要以桩基直径为标准严格控制其深度。如果持力层是风化软质岩或砂土，其插入深度要大于1.5倍桩直径；如果持力层是强风化硬质岩和碎石土，其插入深度要大于1倍桩直径，同时要插入深度要大于0.5m；如果持力层是未风化的硬质岩或灰岩时，可以根据工程的实际情况，缩小插入深度，但也要控制在0.2m以上；如果持力层是黏性土，其插入深度要大于2倍桩直径。

（二）桩基础设计

智能建筑工程地基结构设计中，如果为不满足承载力要求和变形要求的天然地基或人工加固地基，要采用桩基础。桩基础平面布置规则如下：①同一结构个体不能同时采用桩顶荷载全部或主要由桩侧阻力承受的桩和桩顶荷载全部或主要由桩端阻力承受，桩侧阻力相对桩端阻力而言较小，或可忽略不计的桩；②直径较大的桩应采用一个柱子一个桩的形式布置，筒体采用群桩时，在符合桩与桩之间最小距离前提下，尽量在筒体以内或不超出筒体外缘一倍板厚范围之内布置；③伸缩缝或防震缝处布置可以采用将两个柱子设在一个承台上的布桩形式；④在剪力墙下布置桩，要综合考虑剪力墙两侧应力的影响，在剪力墙中心轴周围可以按照受力情况均匀布置；⑤在纵横墙交叉位置布置桩时，横墙较多的多层建筑在横墙两侧的纵墙上布桩，门洞口下面不宜布桩；⑥在布置过程中，各个桩基础顶部受力要均匀，上部结构荷载重心要和桩重心相重合。

（三）后浇带设计

随着时间的推移，地基会发生不均匀沉降，因此，在设计过程中，要合理设计后浇带的宽度，通常控制在 800 ~ 100mm 之间，另外，后浇带要尽量设置在各层相同位置处。在后浇带设计中，混凝土等级要比原建筑结构高一等级，当基础施工完成后，应将后浇带梁板支撑好，待后浇带浇筑完成后，且混凝土强度等级达到拆模要求后，方可拆除。

在建筑结构设计中，后浇带的设置能够有效解决混凝土施工期间出现因收缩造成的裂缝问题，在混凝土浇筑过程中，受温度因素的影响，结构应力集中效果较低，混凝土出现收缩现象，严重时造成裂缝。为了避免裂缝产生，在后浇带部位要断开浇筑混凝土。但是，在某些特殊情况下是不允许设置后浇带的，这时需要在结构设计时，明确后浇带断面形式，如果地下水位较高，可在基础后浇带的下方设置一层防水板。

三、智能建筑结构设计中地基基础类型的影响因素及注意事项

（一）智能建筑地基基础类型的影响因素

1.建筑材料性质的影响

由于建筑材料受热膨胀系数的影响较大，在智能建筑地基设计中，要将温度考虑在内。建筑中最常用的建筑材料是混凝土，同时其受环境的影响较大，混凝土这一建筑材料单位温度变化幅度较大，随温度和气候的变化较为突出，温度较低的情况下，混凝土内部应力变化较大，导致混凝土表面出现裂缝；当遇到暴雨天气时，由于混凝土孔隙较多，吸水后容易出现膨胀现象。因此，在设计中，要综合考虑混凝土性能和特点，在设计中仔细计算环境、温度与气候变化对于建筑结构的影响，同时采取科学、合理的应对

措施，防止混凝土裂缝和膨胀问题出现，如根据工程情况，合理设置伸缩缝，切割大面积浇筑的混凝土，降低混凝土分布的连续性。

2. 地基土变化的影响

在高层建筑结构设计中，要综合考虑风力对建筑物造成变形的影响，如在四级风力作用下，部分高层建筑在100m及以上位置会感受到非常小的震动，因此，设计人员要综合考虑钢筋弹性系数，在保证建筑物形状的前提下，提高高层建筑物的稳定性。而地基承担着智能建筑物全部的荷载，作为建筑物受力的最底层，其受力情况还会受到地基土的影响，如地基土刚性、软硬程度和分布情况。如果在基础设计中，地基为未完全风化的基岩，基础结构整体稳定性较好，建筑的上部结构也不会产生磁应力。

但是，大部分建筑地基土都具有一定的可塑性，且很难通过人工方式对其进行加固处理，必然影响基础弯曲所需要力的分布情况。虽然土壤的摩擦力会受到限制而保持在抗剪强度内，但是在土壤摩擦力系数会受多种因素的影响，如土壤内部水的密度。

（二）智能建筑结构设计中地基基础设计注意事项

1. 建筑物地基基础结构类型设计

当建筑物为砌体结构时，要优先采用刚性条形基础，如混凝土条形基础、灰土条形基础、毛石混凝土条形基础等，当基础宽度大于2.5m时，可以采用柔性基础；框架结构建筑，在上部荷载较大、没有地下储物空间、地基稳定性较差的情况下，需要采用十字交叉梁条形基础，以减少不均匀沉降现象发生，增强整体稳定性；而框架结构，在没有地下储物空间、地基稳定性较好、上部荷载较小的情况下，可以选用独立柱基础，在抗震设防区可以按照相关规范要求设置与承台或独立柱子相连接的梁；框架钢筋混凝土墙板承重结构，在无地下储物空间、地基稳定性较好，同时荷载较为均匀时，可以采用框架柱、独立柱基础形式，在抗震设防区，要特殊对待；地基情况较好的钢筋混凝土墙板承重结构，可以采用交叉的条形基础，如果地基基础强度达不到设计强度要求，可以采用筏板基础。

2. 箱筏基础底板挑板设计

由于整个基础面积中突出位置面积所占的比重较小，因此，在建筑结构地基基础设计中，将箱体基础底板和挑板设计成直角或斜角；同时，避免增加底板通常钢筋的长度，大大节约了建筑成本，提高了经济效益。此外，在箱筏基础底板设计时增加挑板，还可以降低基础底部的附加应力，降低沉降量，矫正沉降差和整体倾斜度。当基础结构位于天然地基和人工地基交界处时，增设的挑板就可以将人工地基上部分承载力转移到天然地基上，提高建筑结构的安全性，降低建筑工程成本，同时还能够减少安全隐患。例如，地下水位较高时，避免地下水影响地基基础稳定性。

总之，在建筑工程结构设计中，地基基础设计对整个建筑物的安全和稳定具有重要意义，同时也是影响建筑物整体质量的关键因素，因此，在地基基础结构设计中，应把握设计要点，合理设计桩基埋深和后浇带设计；同时，综合考虑地基土变化情况、地基基础的材料和类型，从而保证智能建筑物整体质量。

第六节 智能建筑的综合布线系统设计

近年来，随着我国城市化进程的加快和科学技术水平的不断提高，各种智能化建筑随之出现。在智能建筑中，存在着大量的智能化系统，为确保数据传输的可靠性，应当建立起一套完善的综合布线系统。基于此点，本节实现对综合布线系统的特点进行简要分析，在此基础上对智能建筑综合布线系统的设计方式进行论述。期望通过本节的研究能够对综合布线系统水平的提升有所帮助。

一、综合布线系统的特点分析

综合布线系统采用先进的通信技术、控制技术和计算机技术，与传统布线系统相比具有明显的应用优势，具体表现在以下方面：

（一）兼容性

在建筑物传统布线系统中，需要对交换机、计算机网络系统等不同设备使用不同的电缆，这些电缆的配件各不相同，不具备兼容性。而综合布线系统处于独立运行状态，与其他系统的关联性不强，可兼容其他系统，如多媒体技术、多种数据通信、信息管理系统等，能够满足技术快速发展的需求。

（二）开放性

传统的布线方式无法对安装完成的信息传输线路做出调整，若必须调整，则要重新进行布线。而综合布线系统支持任何网络结构，如环形结构、星形结构、总线形结构等，可容纳任何采用统一标准生产的产品，并支持与此对应的通信协议，能够满足随时调整信息传输线路的要求。

（三）灵活性

传统布线方式不能灵活连接不同类型的设备，其应用功能十分局限。而综合布线系统可在任何信号点连接计算机、终端设备、服务器等设备，其采用标准化的模块设计，可快速实现信息通道的转化，并支持独立系统信息传输，即便在设备跳转时，也可以利用原有通信节点更换信息模块，不需要占用新的传输通道。

（四）扩展性

综合布线系统的结构化布线具备良好的扩充性，在系统运行一段时间后，可将其他设备接入该系统，以满足更大的需求。综合布线系统采用国际标准生产的材料、部件和设备，随着智能建筑自动化技术的发展，综合布线系统可与楼宇自动化系统连接，满足通信设备、智能控制设备的技术更新需要，为建筑内部提供完全兼容的扩展环境。

二、智能建筑综合布线系统的设计方式

（一）系统的建设目标

本节所提出的综合布线系统由多个子系统组成，主要包括网络布线系统、基础网络平台、服务器系统、网络监控系统、楼宇自动化系统以及智能化机房等。下面重点对其中的网络平台、服务器系统以及智能化机房的设计方式和要点进行分析。

（二）综合布线系统的设计要点

1. 网络平台设计

本节所提出的综合布线系统中的网络平台是一个较为重要的子系统，在对其进行设计时，主要是以高性能作为目标。经过综合分析后，决定采用层次化的结构模型，并以高冗余的设计思路对相关的部件进行设计，同时采用千兆以太网等技术。

（1）层次化设计。在层次化的结构模型中，需要对各个功能模块进行设计，从而使不同的层次负责完成相应的任务。具体包括以下几个层次：一是接入层。该层负责为计算机终端提供接入功能，实现与二层和三层之间的数据交换，采用双链路上行的方式进行设计，这种设计最为突出的优势在于使网络带宽大幅度提升，由此可进一步增强网络运行的可靠性。二是核心层。这是整个网络平台的骨干层，可完成高速的数据交换，为此，该层应当具备较高的可靠性和可扩展性。由于该层还承担汇聚层的功能，所以可将之作为接入设备的网关。

（2）冗余设计。在网络平台设计中，采用冗余性设计的目的是防止单点故障导致业务中断的问题发生。需要特别注意的是，网络平台中的冗余并不是越多越好，如果冗余过大，可能会使网络的复杂程度有所增大，还可能导致网络故障的恢复时间延长。为此，在冗余设计中，可将重点放在如下几个方面：一是硬件模块的冗余设计。通常情况下，交换机会提供硬件冗余，所以在对节点设备进行选取时，要充分考虑设备的冗余。基于

这一前提，核心层设备选取双交换引擎和双电源供电，在提高设备运行可靠性的基础上，使其达到预期中的使用需求。

（3）网络设计。网络平台的网络设计是在智能建筑内设置一套统一的网络系统，核心设备采用的是千兆交换机，在外网出口布设防火墙、运用安全策略及访问控制等措施，提高网络的安全性。

2. 服务器系统设计

在智能建筑的综合布线系统中，网络平台的主要服务对象为应用系统，其运行的稳定性和可靠性直接关系数据传输。在对服务器系统进行设计时，需要重点考虑如下问题：所选的服务器应当具有较高的处理能力、良好的扩展性及容错性。再选择服务器时，应对上述因素进行综合分析，确保服务器的 CPU 处理能力强、内存大、运行稳定。

3. 智能化机房设计

智能化机房是综合布线系统设计的重要环节之一，为满足使用需要，应遵循如下原则对机房进行设计：

（1）先进性。可在机房设计中，应用先进的技术和设备，从而使整个系统在技术上保持良好的先进性。

（2）安全性。网络运行是否安全、可靠直接关系系统的使用效果，因此，应当在重要设备和链路上采用冗余设计，并对机房进行合理布局，加强设备的日常维护，提高机房管理水平，为综合布线系统的安全运行提供保障。

（3）可扩展性。随着相关业务的增多和设备的不断扩容，以及用户数量的增加，使得机房的业务随之增大，为避免重复建设导致过多的资金投入，应使机房具有可扩展性，能够满足一段时期内的使用需要。

综上所述，在智能建筑中，综合布线系统具有非常重要的作用，为此，应当结合实际情况，对综合布线系统进行合理设计。在具体的设计过程中，网络平台、服务器系统及机房的设计是关键环节，本节针对这三个方面进行了详细论述。在未来一段时期应当加大对相关方面的研究力度，持续不断地对综合布线系统的设计方案和方式方法进行优化改进，从而使设计出来的系统更加完善，能够更好地为智能建筑服务。

第七节　智能建筑空间设计

本节主要论述智能建筑空间的设计问题，探讨空间设计的方法和空间设计过程中需要重点关注的问题，希望可以为今后的智能建筑空间设计工作提供参考。

随着建筑行业的快速发展，智能建筑成为建筑行业发展的方向和趋势，智能建筑空间设计是智能建筑建设过程中的重点工作，必须要进行重点分析和研究。

一、我国建筑空间设计现状分析

在我国的建筑设计研究中，长期处于一个被忽视和被遗忘的角落，而且空间设计这一行业是随着我国房地产事业的不断发展而兴起的，因此我国对于此类的研究相对较少，而且具体指导空间设计的直接性理论较为少见。综合国外研究进展来看，国外也缺失此类理论，因此，对于空间设计的研究大多主要集中于经营管理和策略等领域。可以这样说，我国现阶段并没有形成一套较为完整、系统的适合我国国情的空间设计理论，因此，加强对建筑空间设计现状的理论研究具有一定的研究价值。

二、智能建筑设计中存在的问题

（一）智能建筑设计系统名称不规范

智能化的各个子系统没有按国家的《智能建筑设计标准》与《智能建筑工程质量验收规范》等进行统一和规范的语言进行交流，这将导致建筑智能化系统图纸内容紊乱，再加上招标文件不"标准"、不"规范"，使得智能化文件更加混乱，甚至失误。

（二）设计上存在缺陷

智能化系统工程涵盖 10 多个子系统，设计上要综合考虑。在做设计任务书的时候很多人员没有把甲方的使用要求了解好，其中包括产品性价比、品牌的倾向性、用户的使用要求等。由于上述要素的影响，设计工作中出现了缺陷，最终会导致空间出现不稳定等问题。

（三）系统集成设备发展落后

智能系统涉及面较广，涉及的技术领域较多，生产商不可能包罗万象，只能生产其中某一个系统的产品，这样就形成了各不同厂家产品的集成，不同厂家的产品在性能参数上不一致，给各系统集成造成了技术上的障碍，造成空间的利用率不足。

三、智能化空间规划及设计

智能建筑以更深、更广、更直观和更具有综合性的方式，来塑造空间的效能和魅力。它正在使建筑的传统空间关系发生改变，正在使人与建筑的关系发生改变。核心筒的分散和分离、中庭空间的介入已使智能建筑的空间构成模式彻底发生变化。

（一）空间规划

为实现活动空间的舒适、容易满足各种需求；适合自控系统精密要求的环境，满足节能需要；提供能提高工作效率的情报及通信自动化系统环境；提供方便高效的辅助工作环境，必须坚持以下原则：①办公硬件条件在逐年完善提高，为了空间能够灵活地得以利用，硬件应能够互通、互换、具有较强的兼容性；②按处理的急缓需要和装置的重要程度，合理确定配备率或共用性后，决定空间等级，必要时区域能够及时开放，各个区域灵活连通；③建筑结构、建筑网络甚至网络设施应具有灵活性；④办公空间布局要具备私密和开放的要求，变化虽多，要考虑形式的基本一致。必须加强智能建筑设计和建筑创作中关于可变性和灵活性的方法技术研究，为城市和建筑共时态的多样性和历时态的可变性、生长性预设伏笔。空间形态的弹性程度将成为未来智能建筑创作评价标准的重要元素，而这一点和可持续发展战略是相一致的。

（二）空间效率（建筑空间高效性的利用）

高层建筑中垂直交通和管道设备集中在一起的、在结构体系中又起重要作用的"核"，决定着高层建筑的空间构成模式。智能建筑中大量应用计算机和电信通信设备，其光缆与电脑网络管道井、配线箱、中继装置等，每层都必须设置3处以上才算合理。建筑上为了满足机电设备经常变动的需要，便开始将"核"分散化，分置多处设备用房和管道井，以便于局部更改、结构抗震、避难疏散及创造更大的使用空间，核与主体相分离的建筑实例比较多，如新加坡Techpoint与ITI/IME Building、德国法兰克福商业银行总部大厦等等。建筑的形状、外形是由场地约束、经济、业主/承租人的要求及建筑师的创意等一系列因素而决定的，它进而又影响建筑进深，楼宇利用程度、业主/承租人效率程度。业主效率说明一个标准层占大楼净出租面积的比例，承租效率反映了居住者实际可用的租用空间。

分散核布局建筑进深变化范围很大，如新加坡Tech point建筑最大进深30.6m，ITI/IME为31.1m，就带来一些特别用途：前者是生产空间，后者是明亮的临时办公空间。DEGW（国际工作与学习环境设计建筑顾问集团）已确定三种能带来一系列用途的建筑进深空间。

楼层进深的变化允许不同的空间设计意图。例如9~12m的g to c（glass to core）进深允许办公及开放设计附加存贮区。尽管g to c进深大于15m将导致内部支持空间不适宜做工作场所，它仍适用于有高支持要求的诸如交易大厅之类的大型开放型工作区域层。13.5~18m的g to g（glass to glass）进深允许有2个或3个空间区域设计选择，而少于13.5m的g to g进深将限制租用者仅2个空间区域设计。

（三）中庭空间

智能建筑中插入一个或在不同区域插入数个封闭或开放的中庭，这种内部空间设计手法提供自然化的休息空间，改善封闭的室内环境，体现了建筑的气派和空间变化，使得楼层间的自然通风换气成为可能并利用中庭节能。随着建筑环境的改变，中庭空间也从传统的采光、通风及休闲社交功能向容纳建筑内部交通组织、城市交通换乘和城市公共集会等多项功能复合。中庭功能的多元化、社会化也将给火灾防治、照明设计带来许多新的问题。由于中庭火灾的特殊性，对中庭火灾的防治也具有很多特殊性，在防火防烟分区、火灾探测报警、自动灭火、烟气控制以及人员疏散都与普通建筑有很大差别。国内常见的中庭建筑根据其与主体建设的关系和火灾防治措施归纳起来可分为长廊式、贴附式、内置式、贯通式、互通式等几类。

（四）空间布局

1.决策空间

其空间面积、照度、家具和办公设施等建筑标准应很高，以便于向决策者提供良好的信息环境、工作环境与辅助决策支持手段。

2.会议空间

增设现代化通信与办公手段，利用通信网络将分处两地的人，通过声音与影像举行会议。设置于安静、无回音的场所（如大楼的较高层位置），面积大小与形状根据功能容纳所需的设备与人员、开会人员均须在摄像机范围内，都能看到影像与画面等条件决定。会议桌背面的墙面不可开窗或有强光，空间形状及装饰能防回声，使用隔声、吸声装饰材料。

3.接待休息空间

布置在靠外窗的周边区域，设有谈话站桌，内部设小会谈桌椅供员工协商交流。

4.办公空间

建筑平面布置合理、采光设计良好，具有安全、健康、温馨、便利等特点，配备先进信息环境、自动化办公条件。

（1）单间型：并排隔间型，由相互邻近、面积不大的单间办公室组成，各隔间都有窗。办公室的面积与建筑模数不成倍数关系时，为保证安全与健康，应力避空调和消防盲区，保证单间型平面划分的合理性，要重视建筑模数的合理选择及设备系统的适应设计。

（2）开放型：空间被走道分隔为二，多采用大开间、无隔断或只有不超过 1.5m 的隔板平面布局方式，打印机、复印机、文件柜均共用，并按方便使用原则布局。对流动办公部门，可采取共享空间方案。

（3）混合型：隔间比例较大，重大的办公室分布在具有外窗的周边区，采用玻璃隔墙。内区做秘书与辅助人员办公区间及开放式交流场所，通过增加装饰物改善办公环境。

综上所述，智能建筑的优越性毋庸置疑，但是智能建筑空间设计依然存在一些问题，这也是不争的事实，所以今后要更加重视智能建筑的空间设计问题，提升设计水平。

参考文献

[1] 徐恩国 . 建筑设计艺术中线条韵律与环境艺术研究 [J]. 中国科技投资，2017(14).

[2] 郭金刚 . 对建筑设计艺术中线条韵律与环境艺术的研究 [J]. 科学与财富，2016(6).

[3] 李瑞雪 . 建筑设计艺术中线条韵律与环境艺术研究 [J]. 科学与财富，2016，8(4)：50.

[4] 许晓繁 . 建筑环境艺术设计中的情感意义研究 [J]. 美与时代 (城市版)，2017(2)：7-8.

[5] 韩舒尧 . 对建筑设计与环境艺术设计关系的探讨 [J]. 城市建筑，2017(2)：41.

[6] 徐卿涵 . 探讨建筑与环境艺术设计 [J]. 建材与装饰，2017(8)：81-82.

[7] 姜艳艳 . 建筑设计艺术中线条韵律与环境艺术 [J]. 黑龙江科技信息，2017(2)：261.

[8] 颜军 . 建筑设计艺术中的线条韵律与环境艺术的解读 [J]. 建筑设计管理，2015，32(11)：69-70+93.

[9] 张雨飞 . 建筑环境艺术设计对生活空间环境的影响分析 [J]. 民营科技，2018，3：105.

[10] 李星 . 环境艺术设计对生活空间发展的影响 [J]. 电子测试，2016，9：150-151.

[11] 陆建霞 . 试论室内空间的照明设计 [J]. 居舍，2020（1）：21，5.

[12] 张嵩 . 浅谈灯光照明设计在住宅空间中的应用 [J]. 住宅与房地产，2019（25）：83.

[13] 黄晓敏，陈玉珂，杨明洁 . 在不同室内空间中的室内照明设计探析 [J]. 居舍，2019（32）：95.

[14] 张芳，雷博雯 . 浅谈人工照明与天然采光在室内设计中的应用 [J]. 企业科技与发展，2019（11）：90-91.

[15] 刘佳佳 . 浅析灯光设计在室内空间中的作用 [J]. 戏剧之家，2019（27）：152.

[16] 付月姣 . 室内设计中灯光照明设计探究 [J]. 花炮科技与市场，2019（3）：224，

230.

[17] 秦毅 . 情感化的室内光空间设计研究 [D]. 长春：长春工业大学，2019.

[18] 李红棉 . 建筑学设计和室内空间环境艺术研究 [J]. 建材与装饰 (下旬刊)，
2007，(7)：28-29.

[19] 汪帆，刘严 . 居住建筑内部空间光环境艺术设计研究 [J]. 现代装饰 (理论)，
2015，(3)：262.

[20] 王栋 . 建筑室内外环境艺术设计教学要点分析 [J]. 中国电子商务，2013，(20)：
274.